AF062350

NATURGESCHICHTE DER KRABBEN UND KREBSE

VON

JOHANN FRIEDRICH WILHELM HERBST

NACHDRUCK DER ORIGINALAUSGABE VON 1790
(BERLIN)

1. Auflage 2010 | ISBN: 978-3-86741-211-7
©EUROPÄISCHER HOCHSCHULVERLAG GMBH & CO
KG (WWW.EH-VERLAG.DE)

REIHE: HISTORICAL SCIENCE, BAND 27

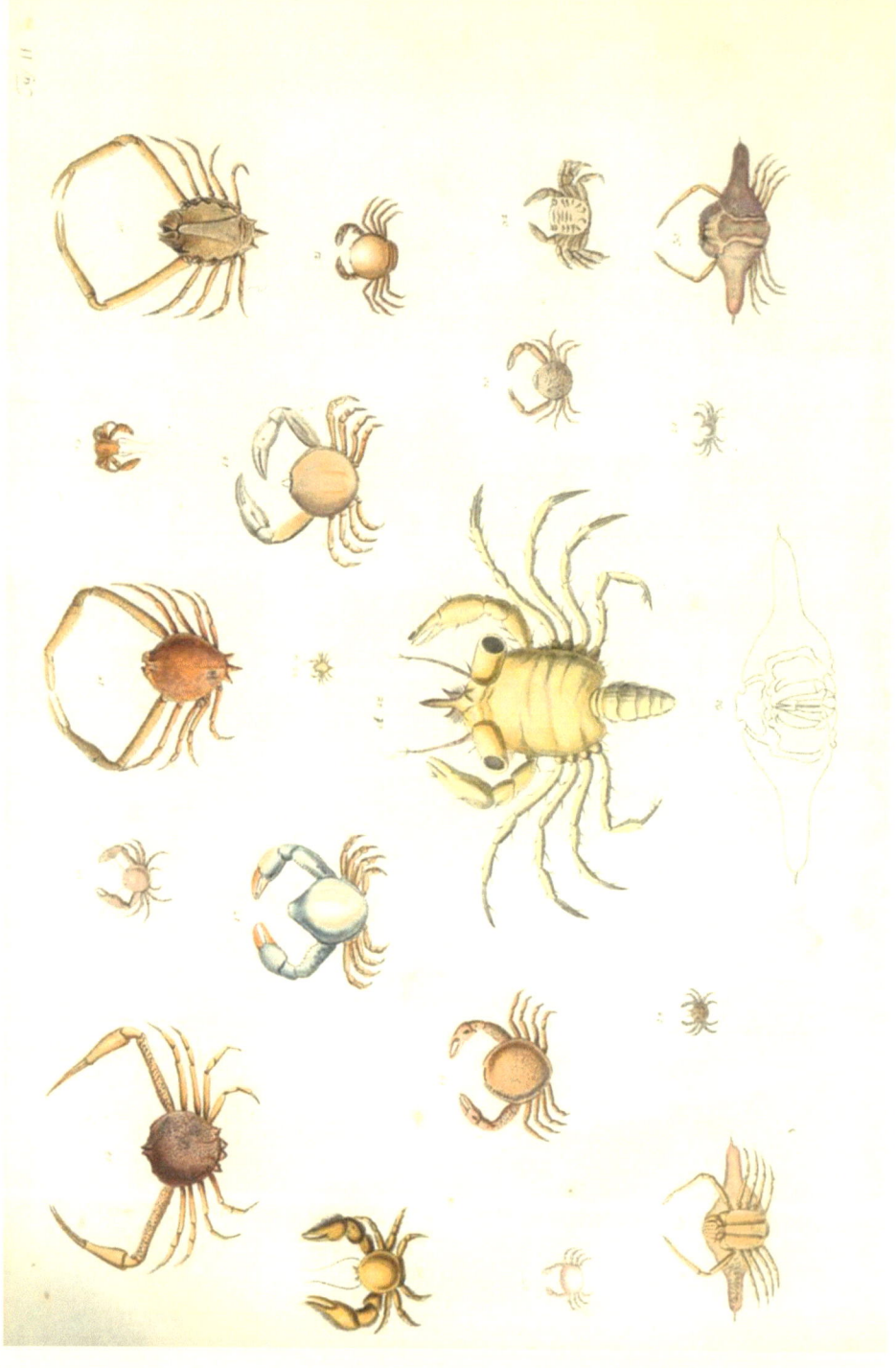

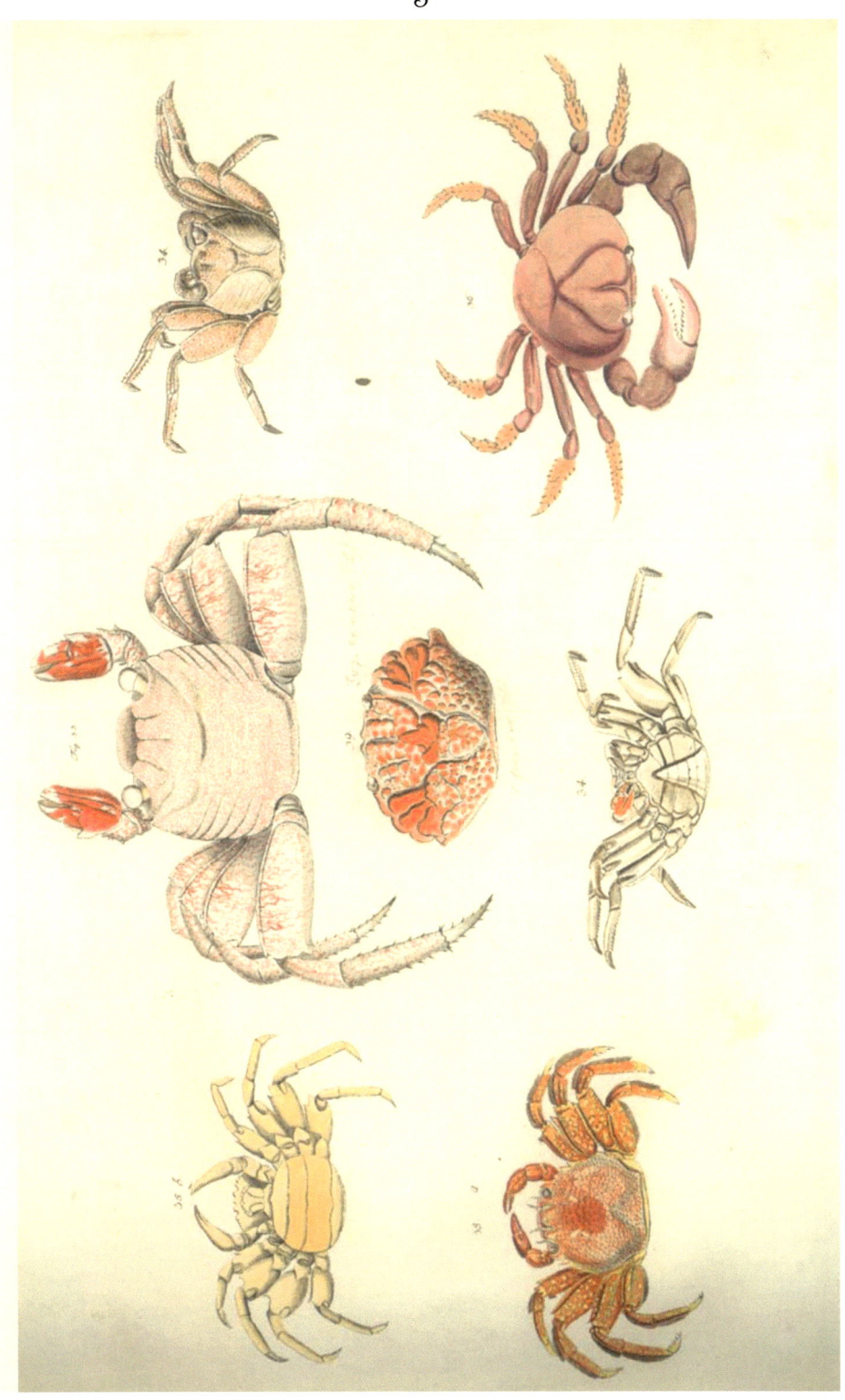

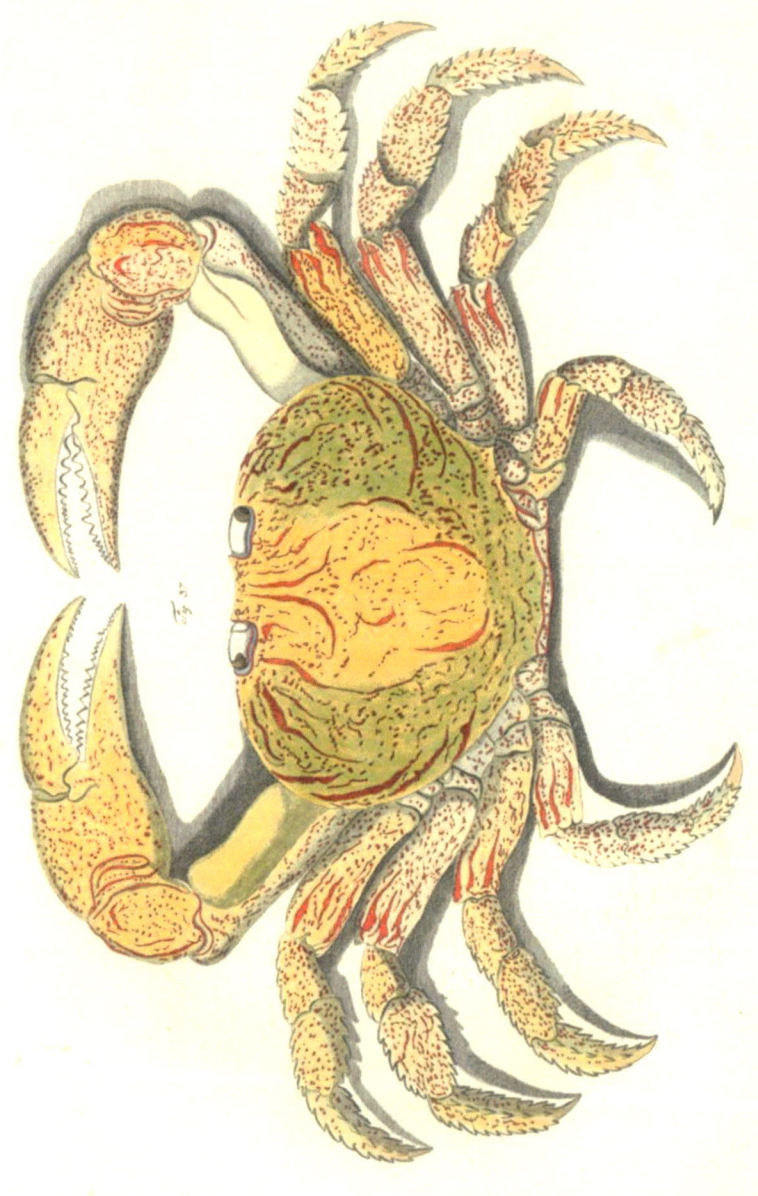

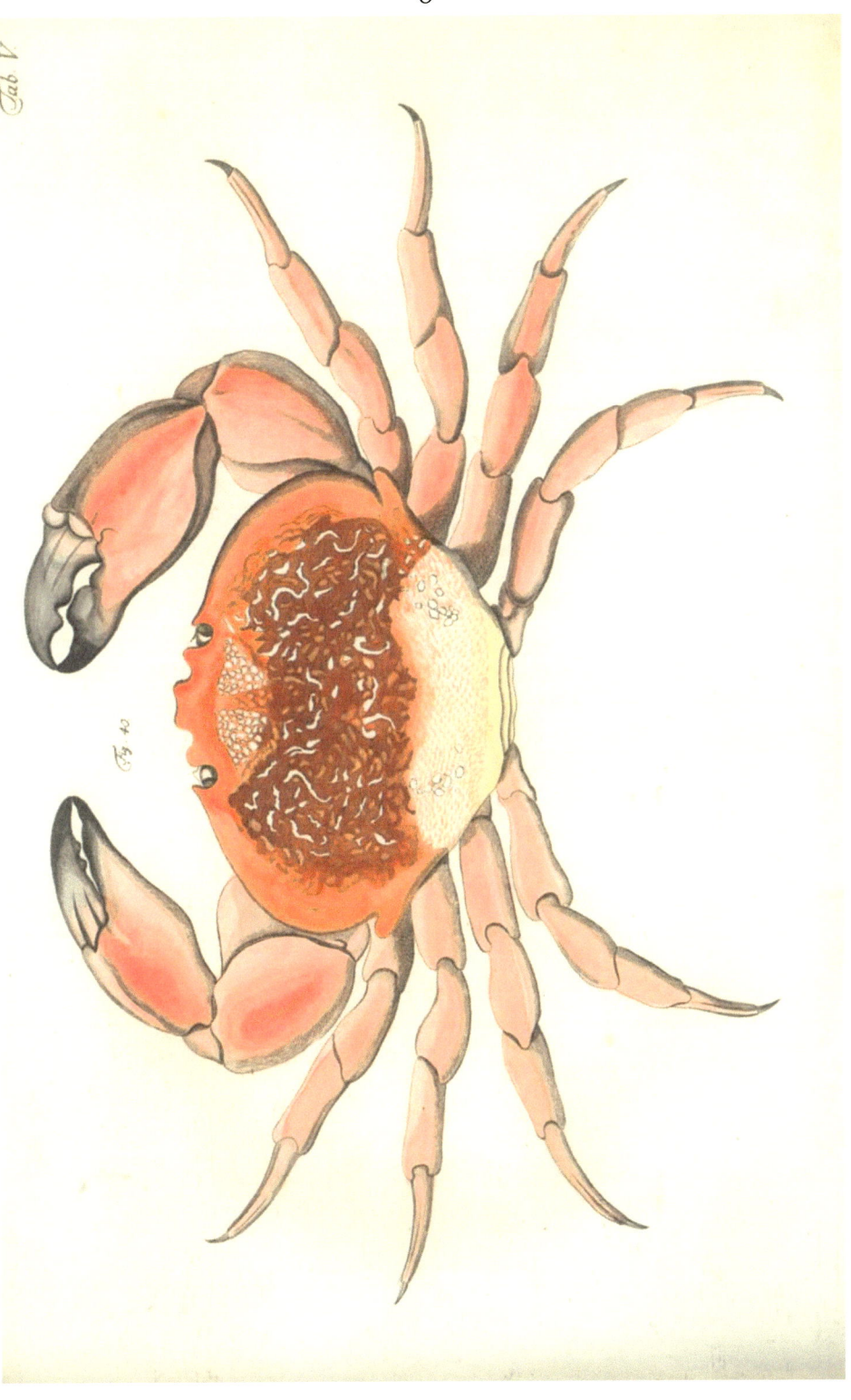

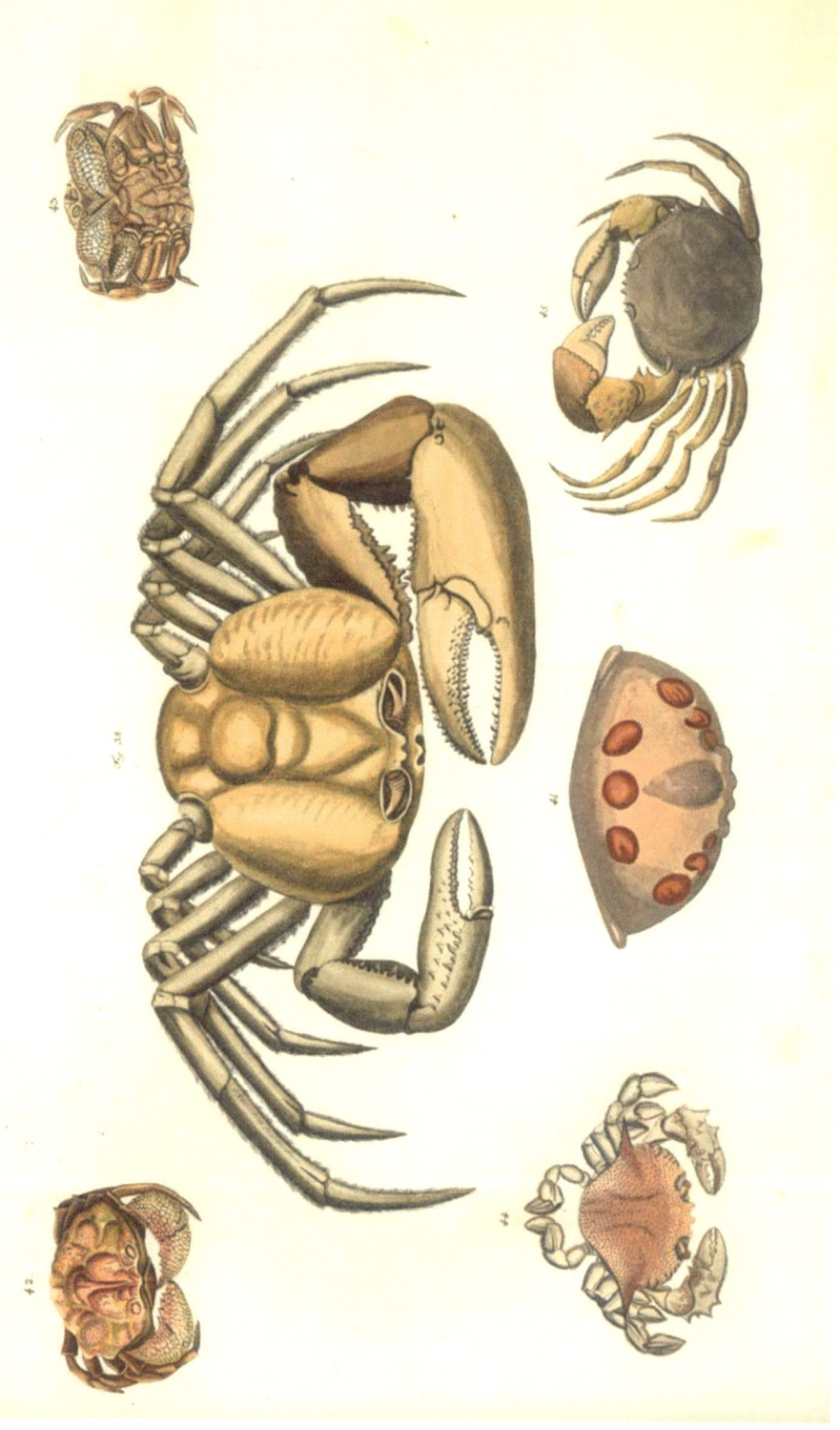

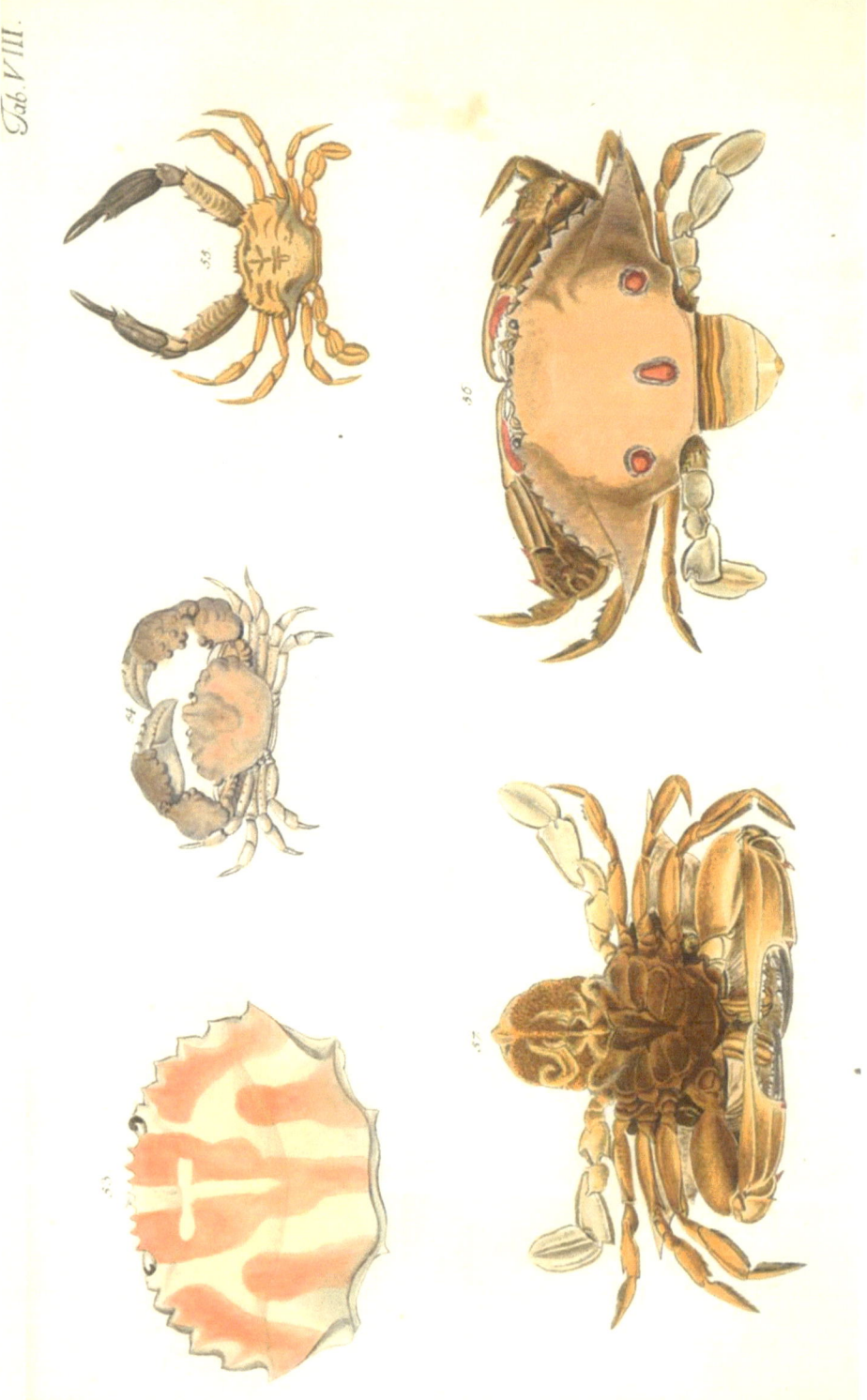

Tab. VIII.

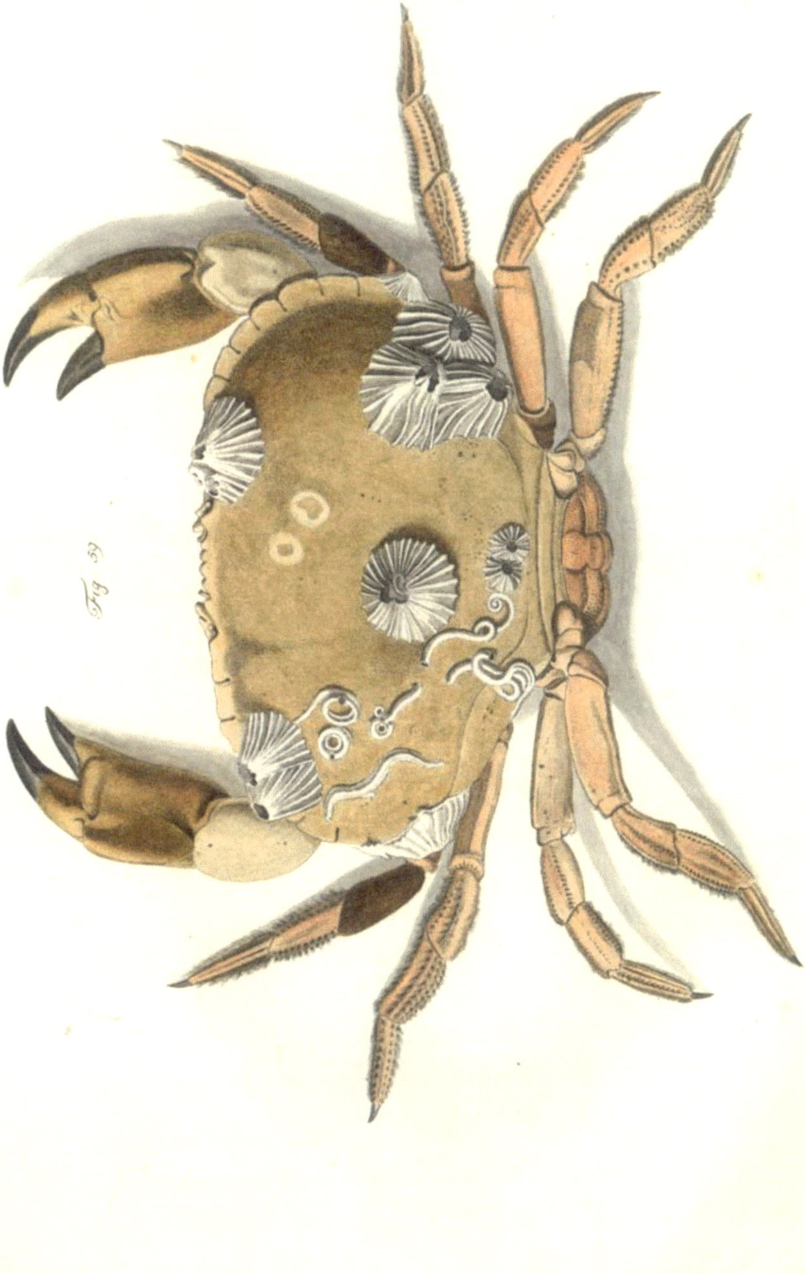

Fig. 59.

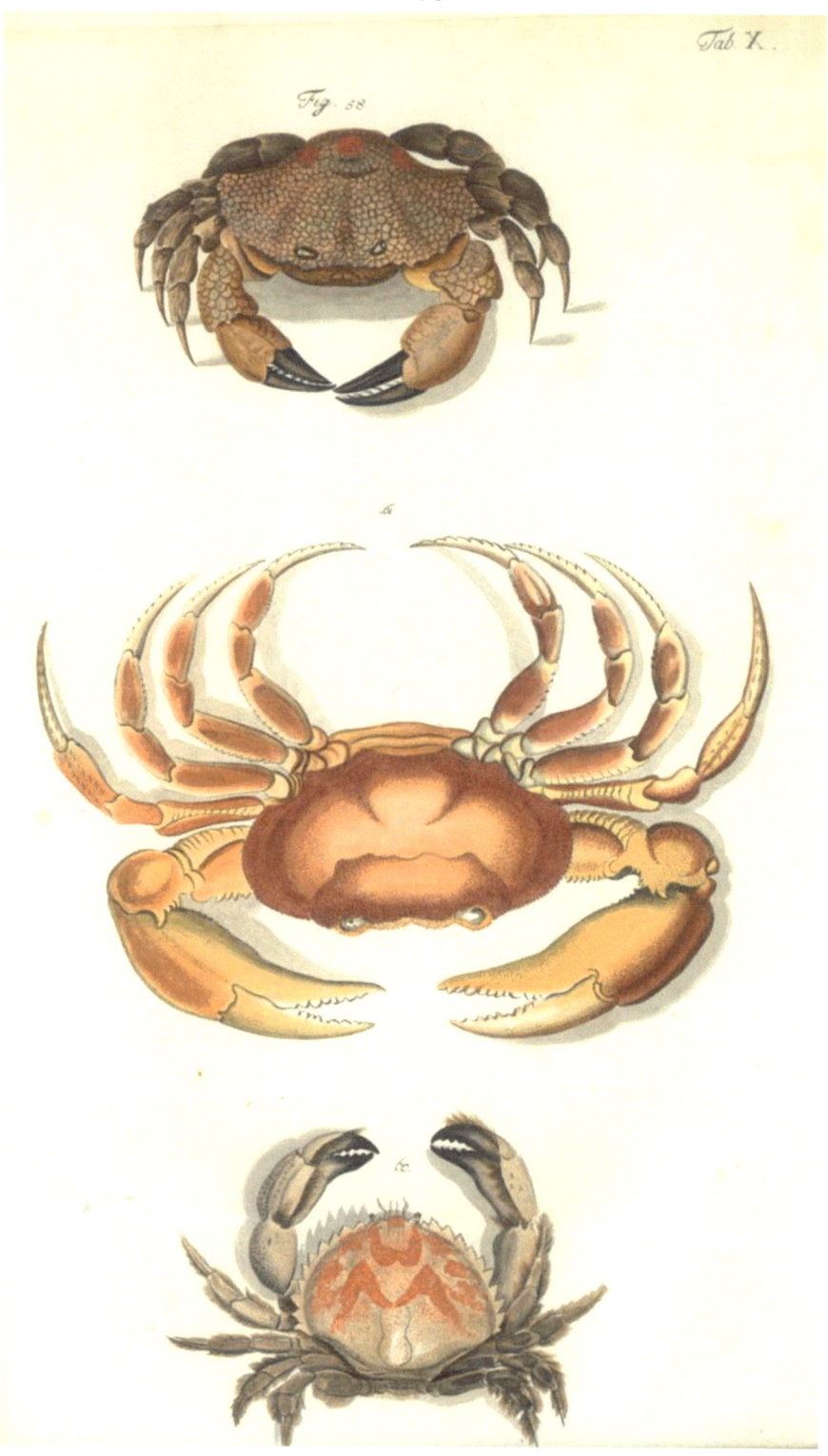

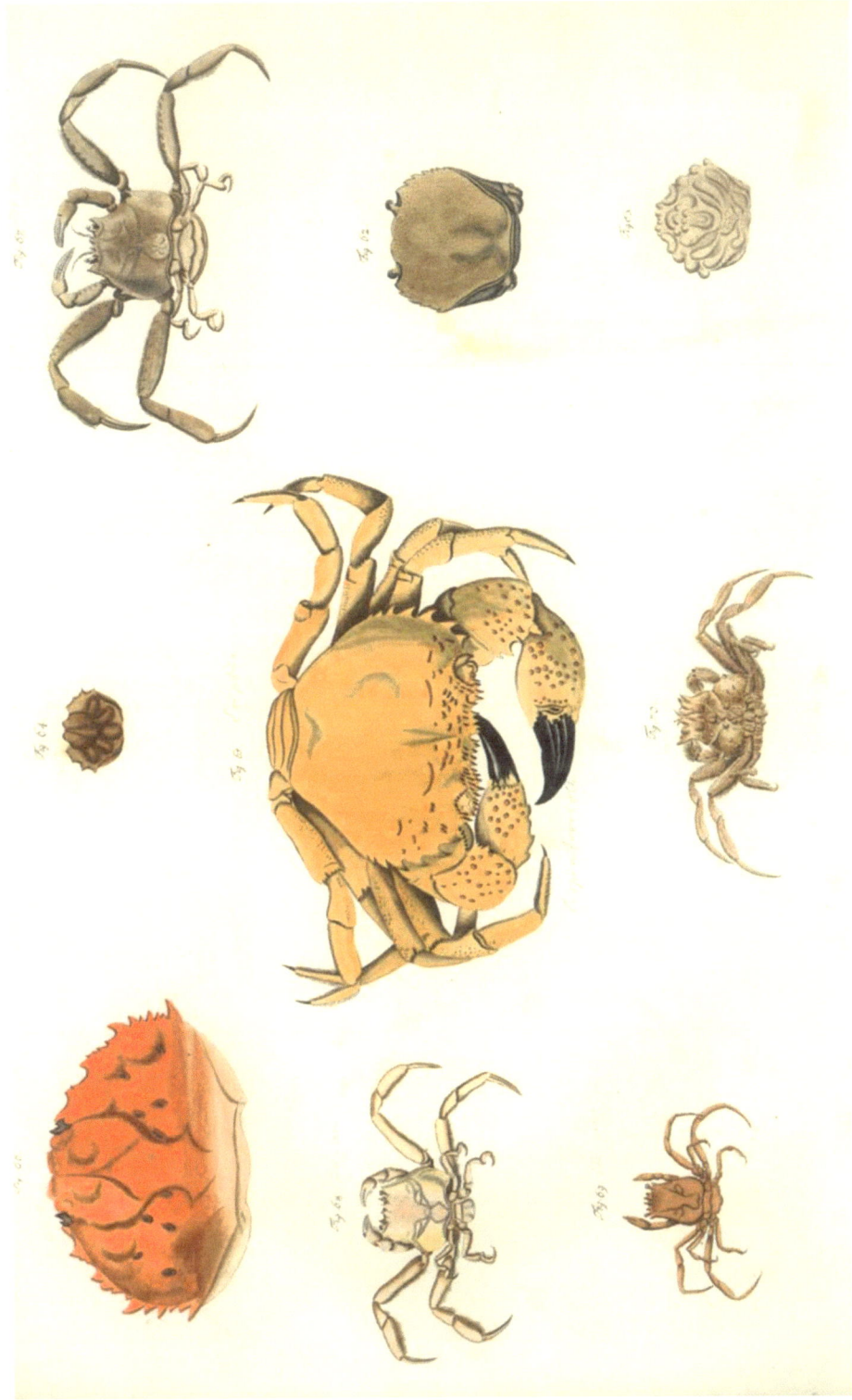

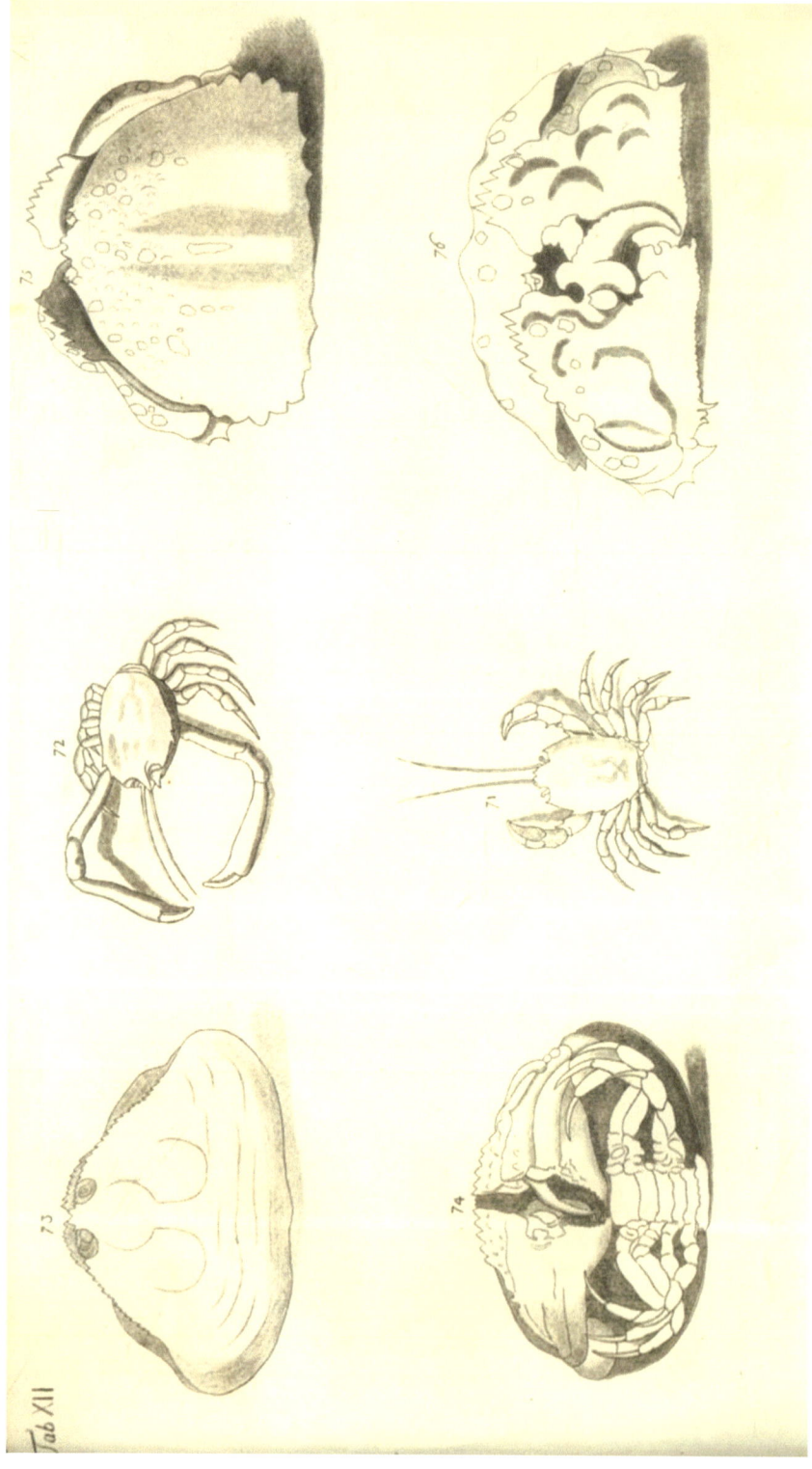

Tab XII

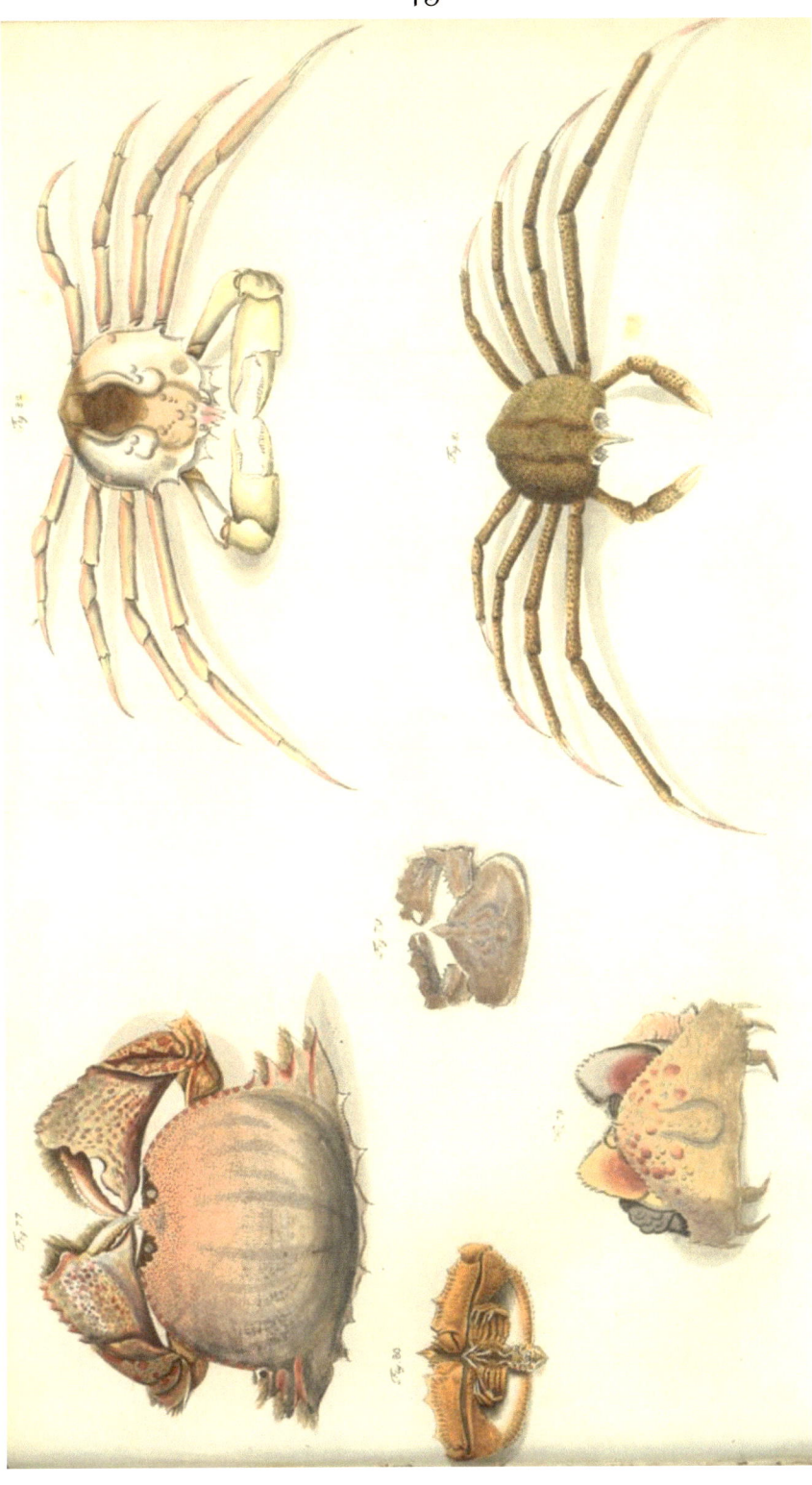

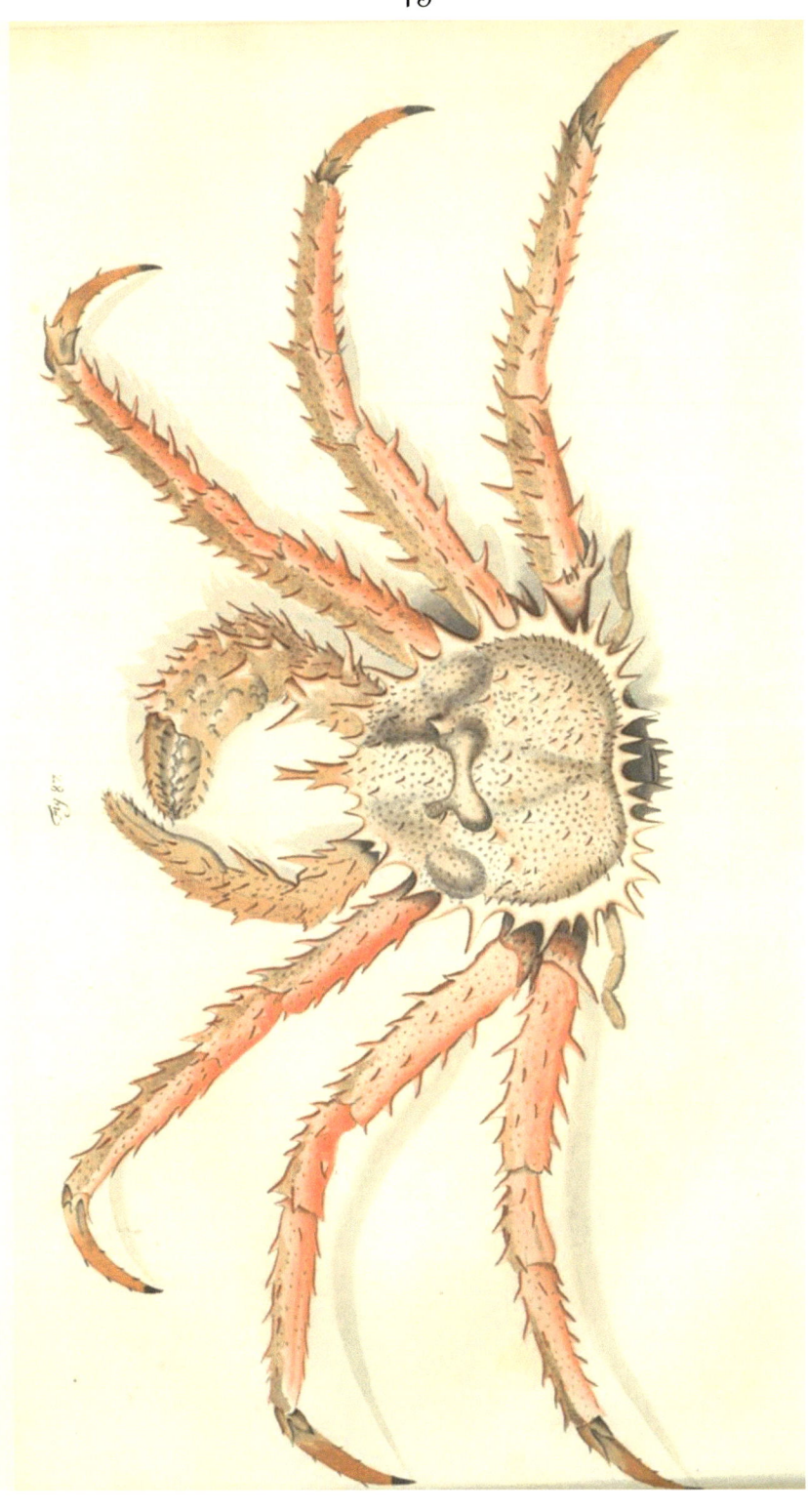

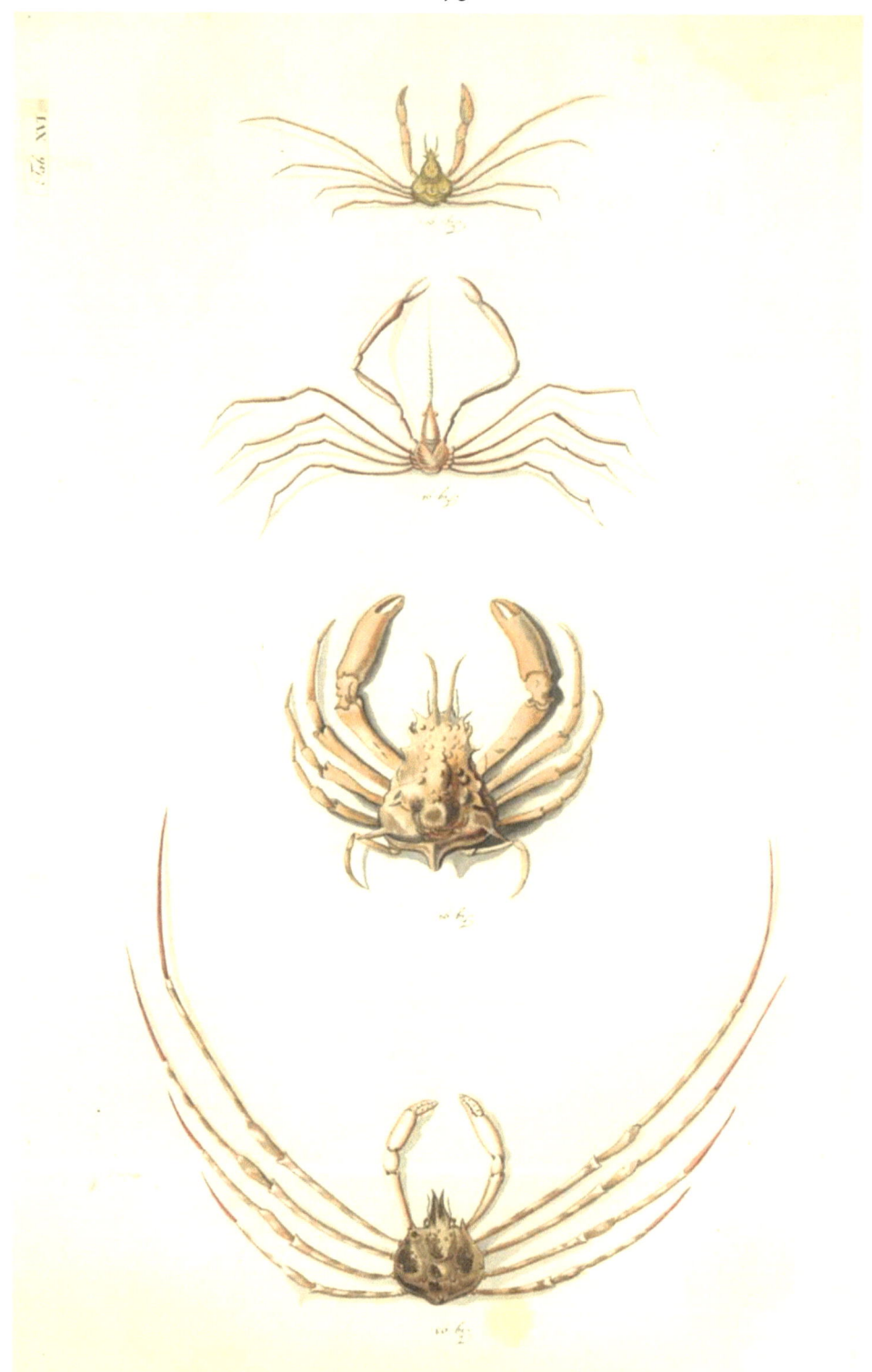

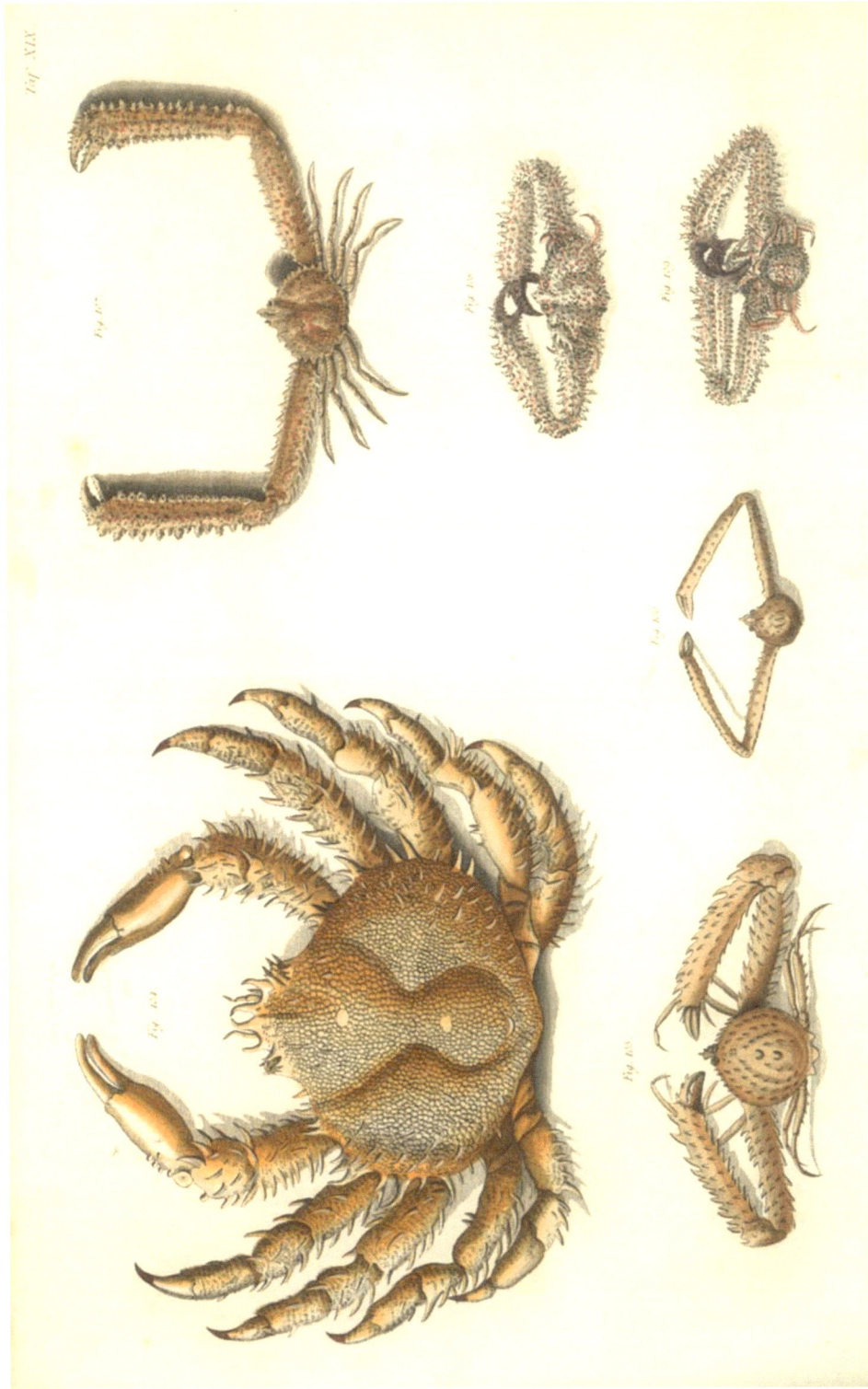

21

24

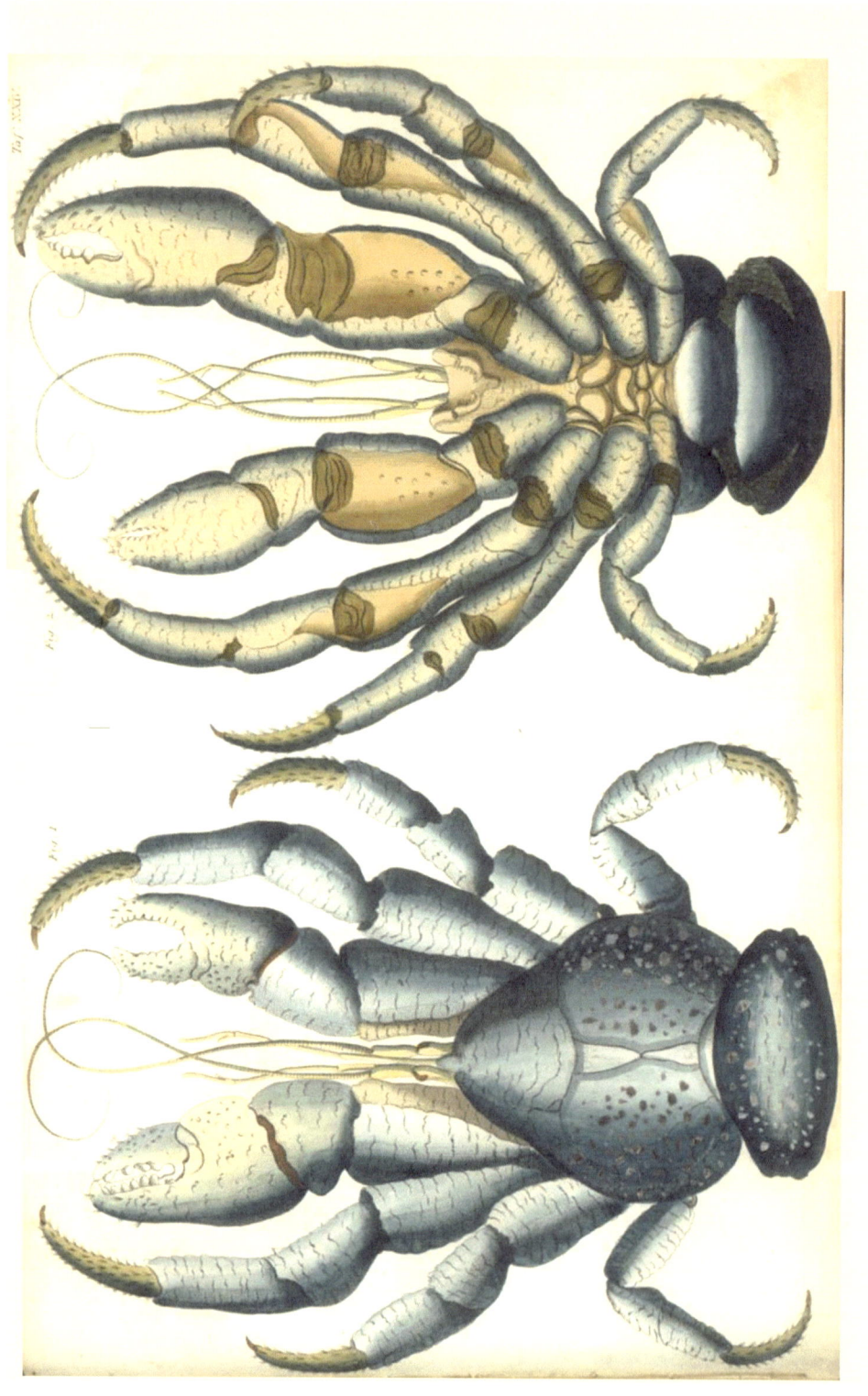

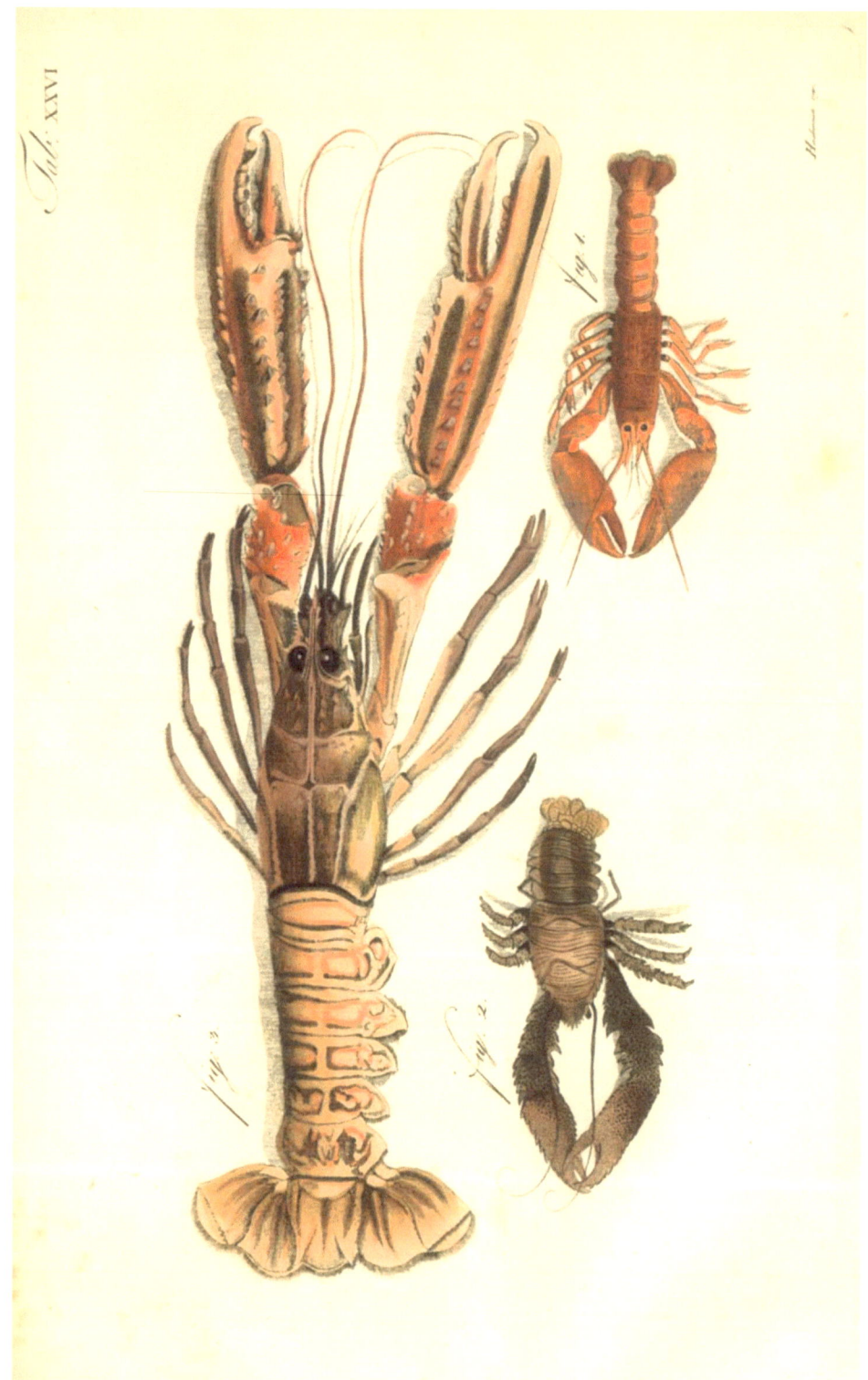

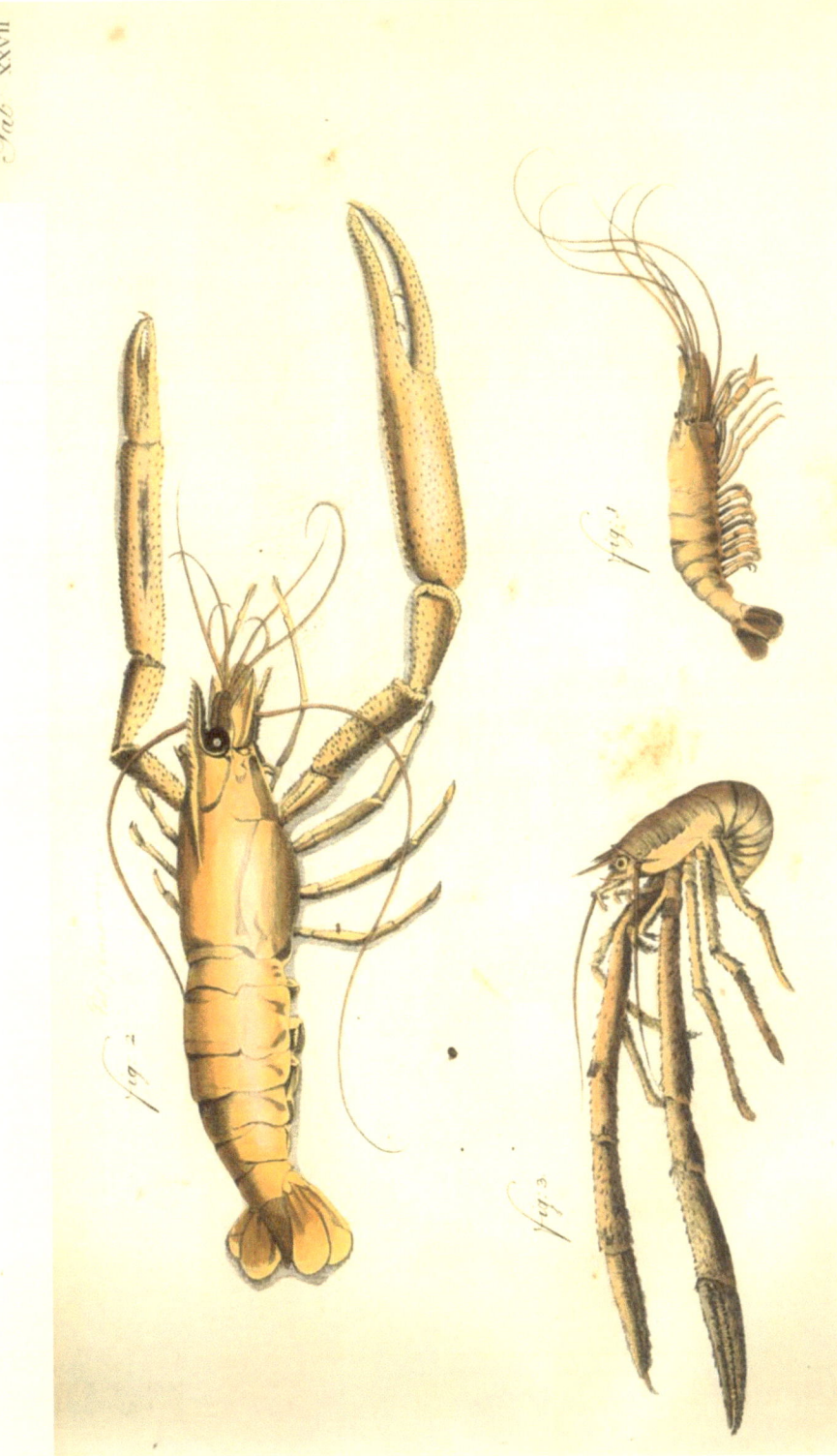

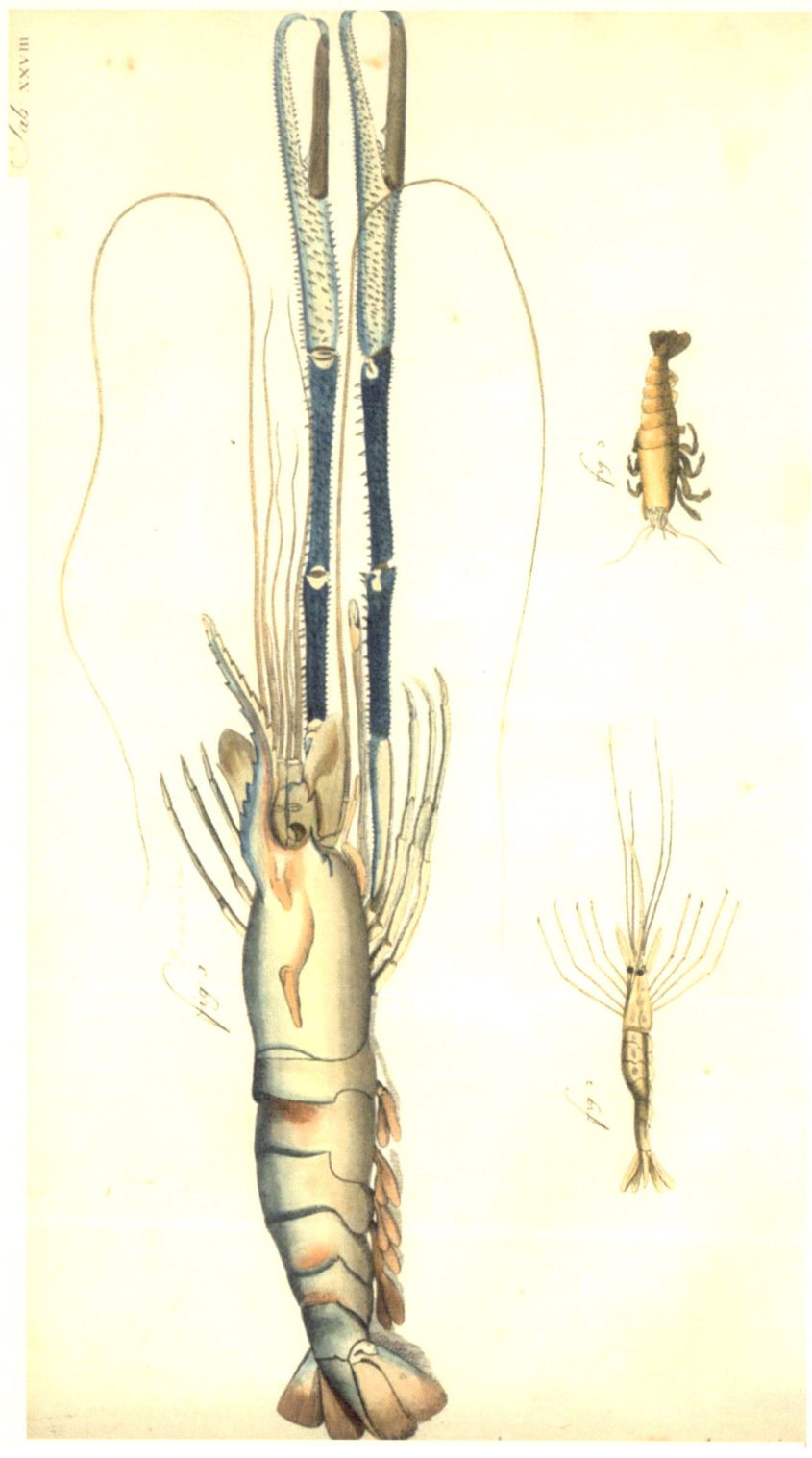

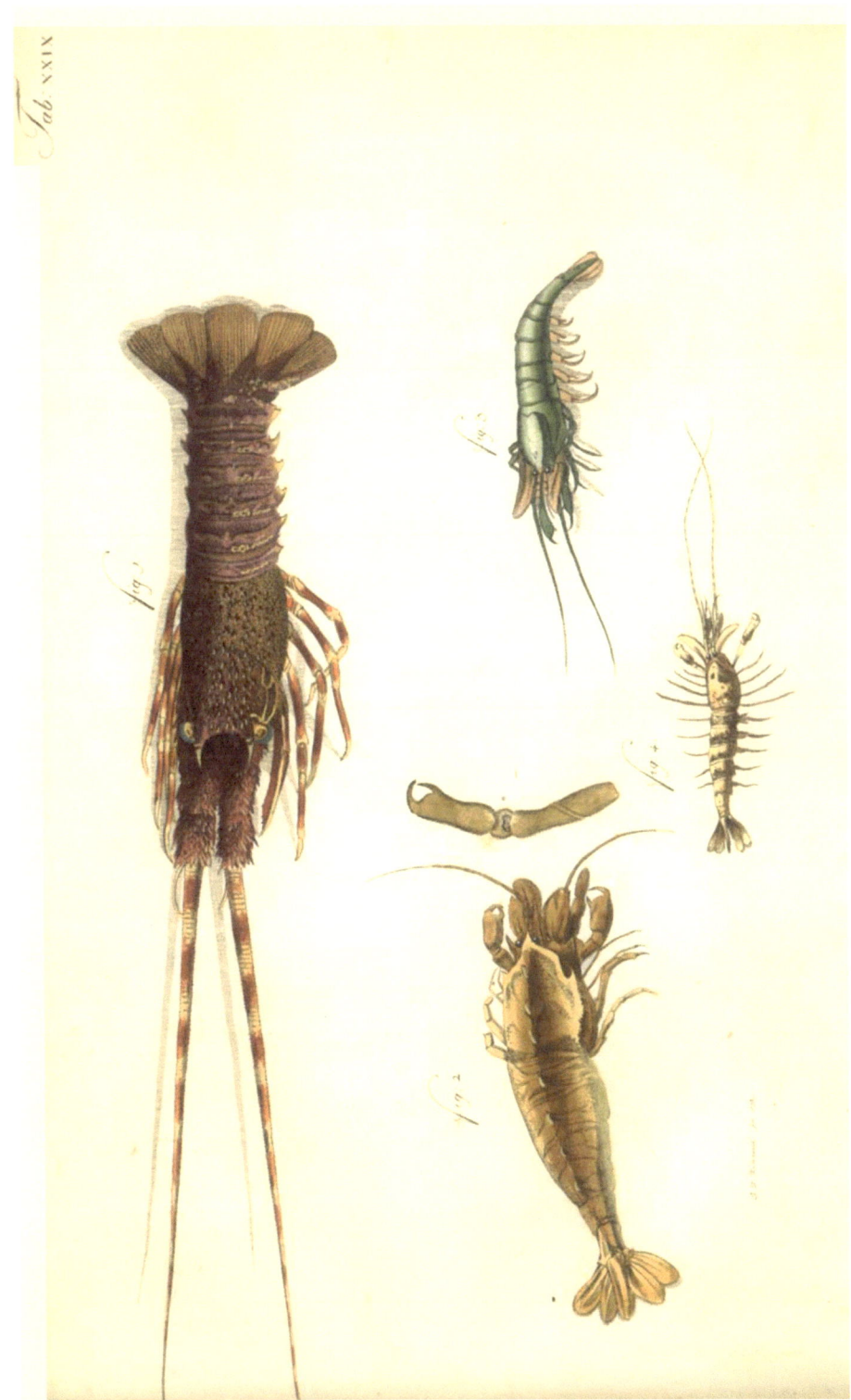

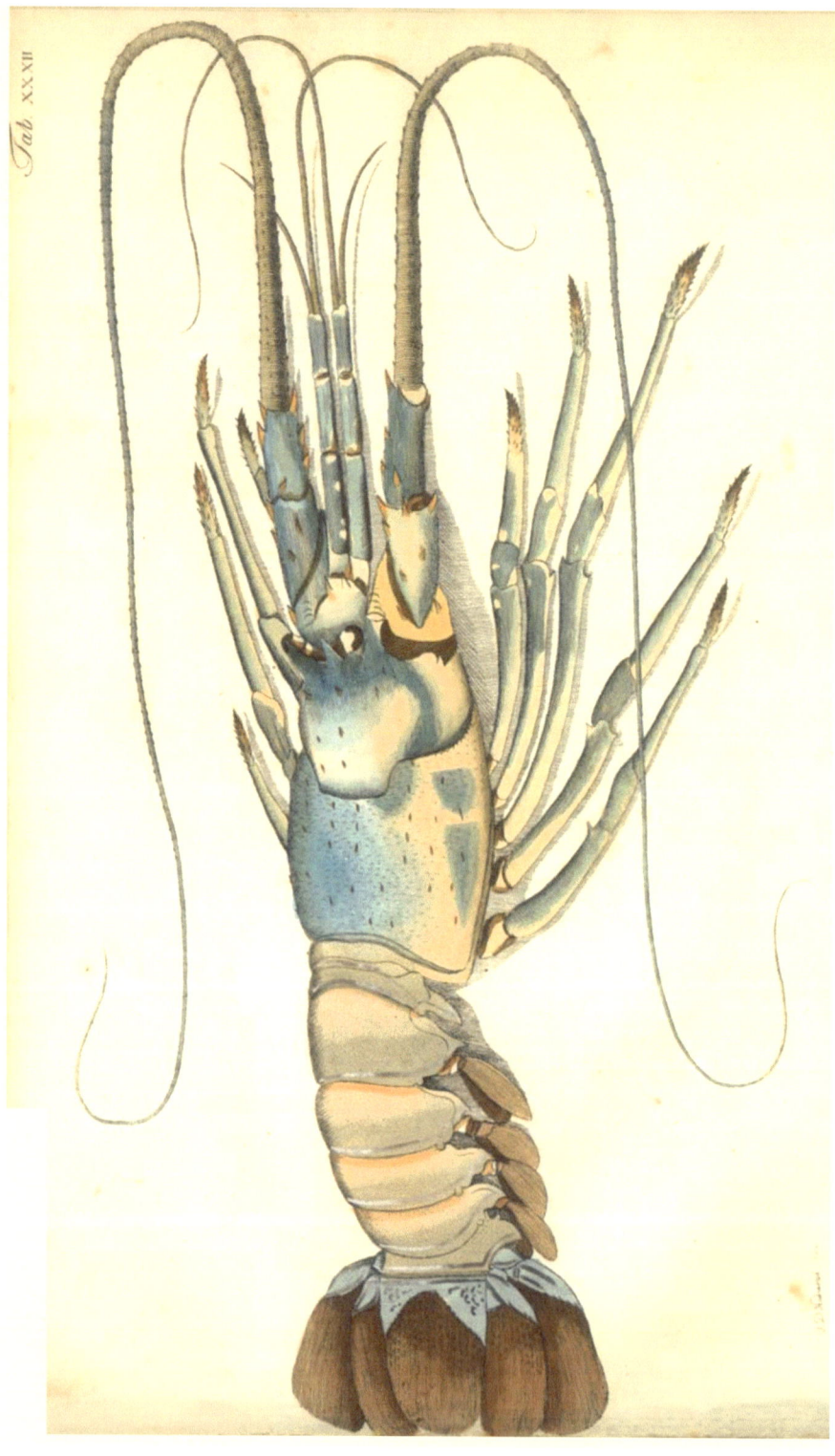

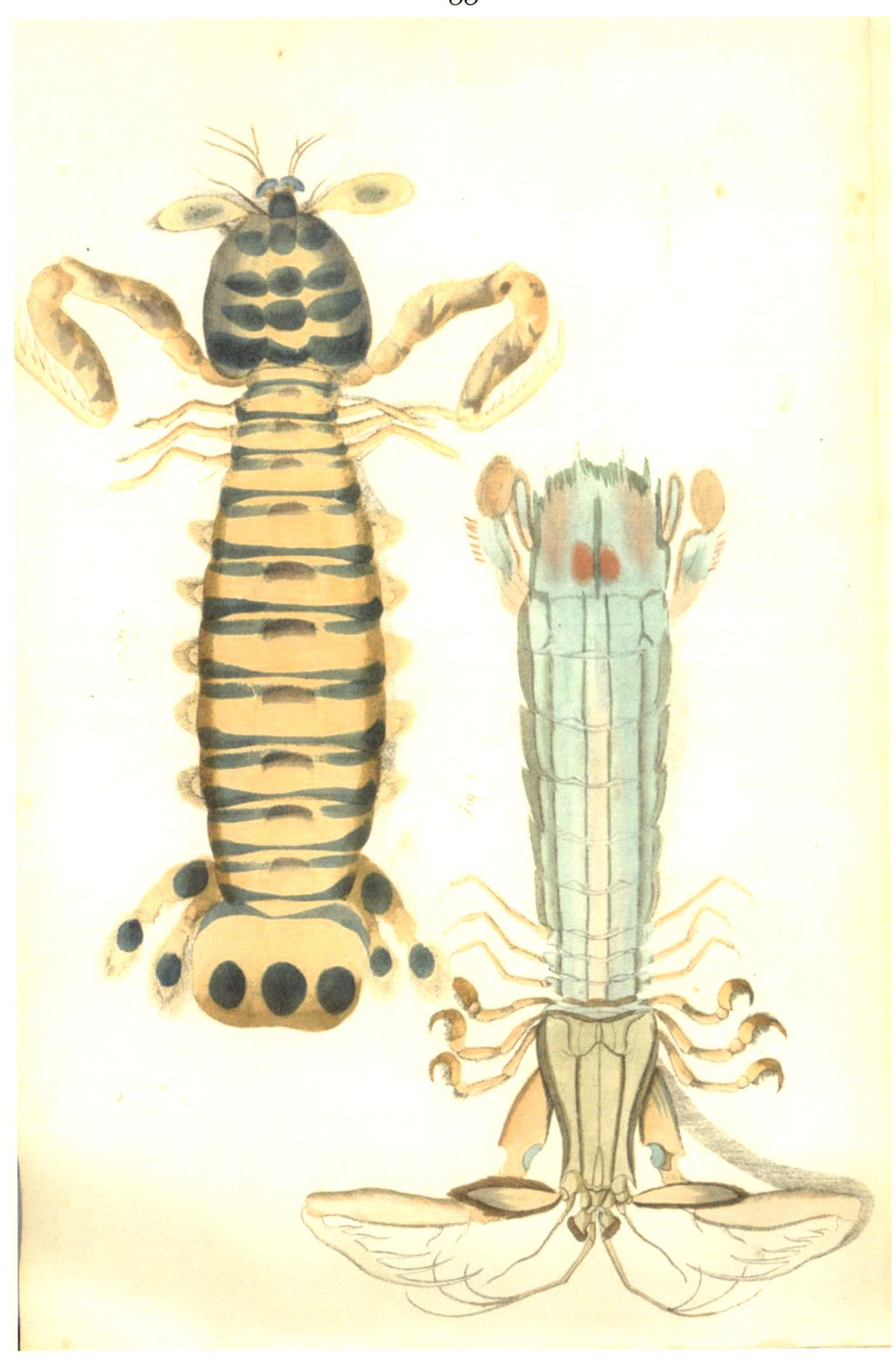

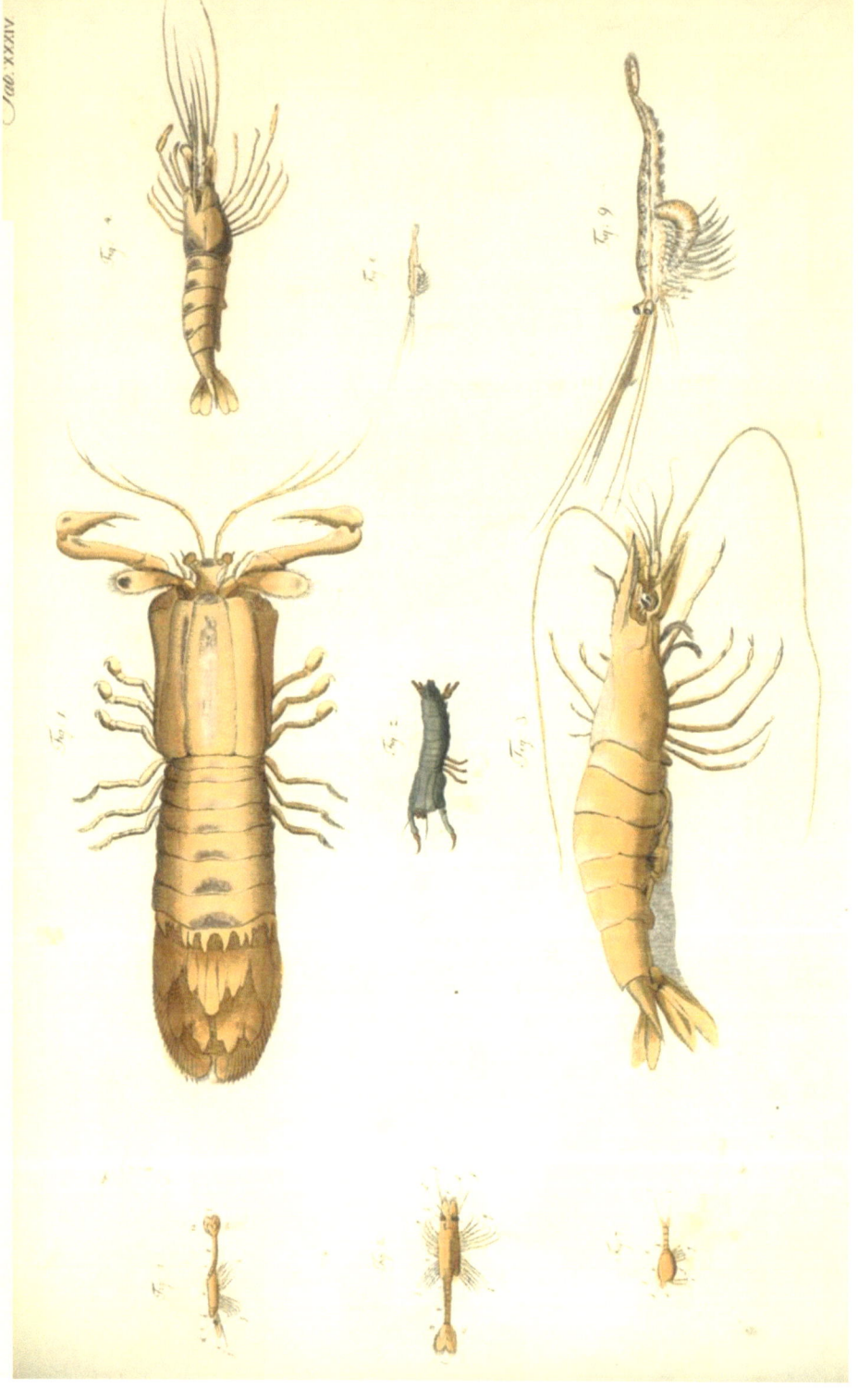

37

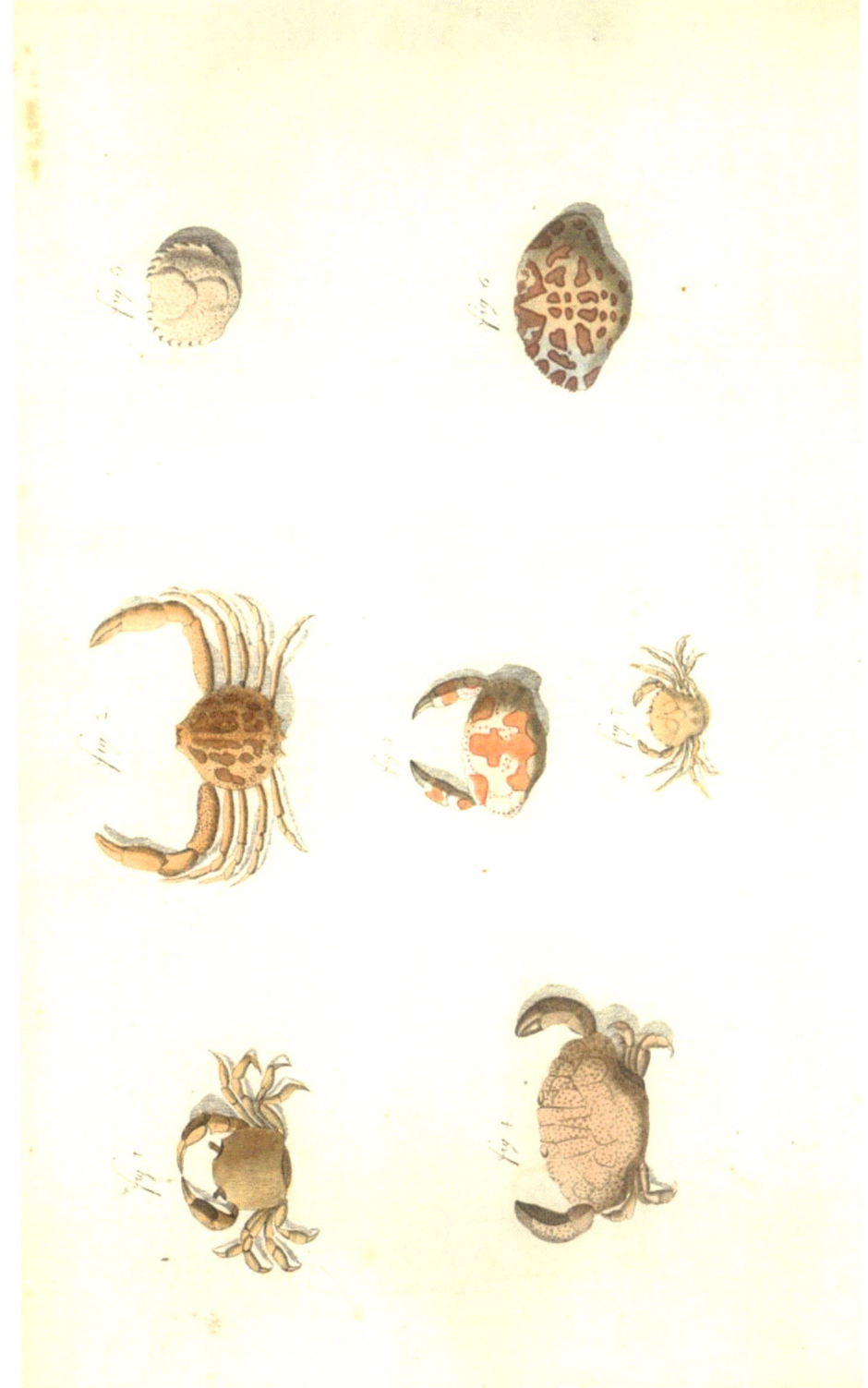

40

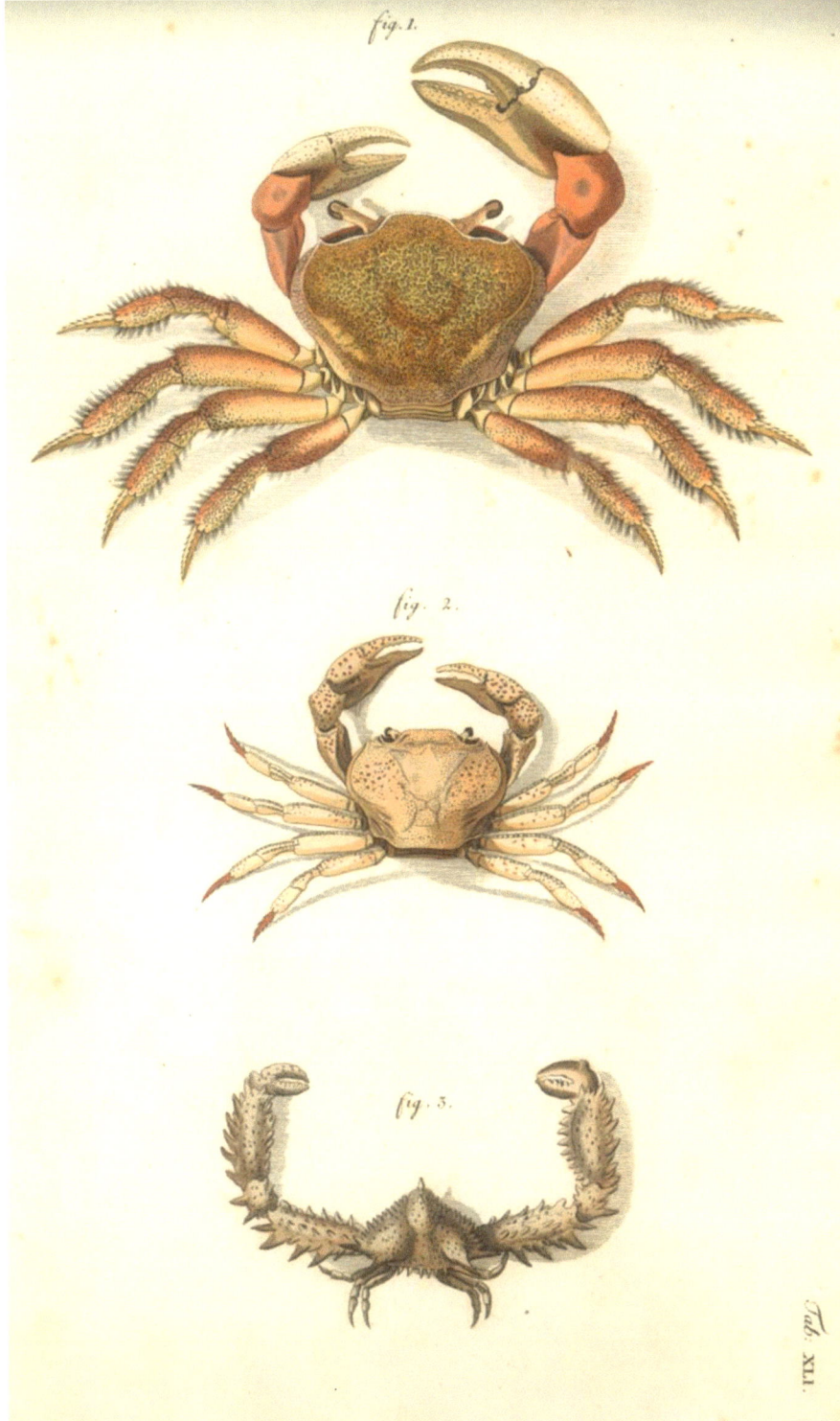

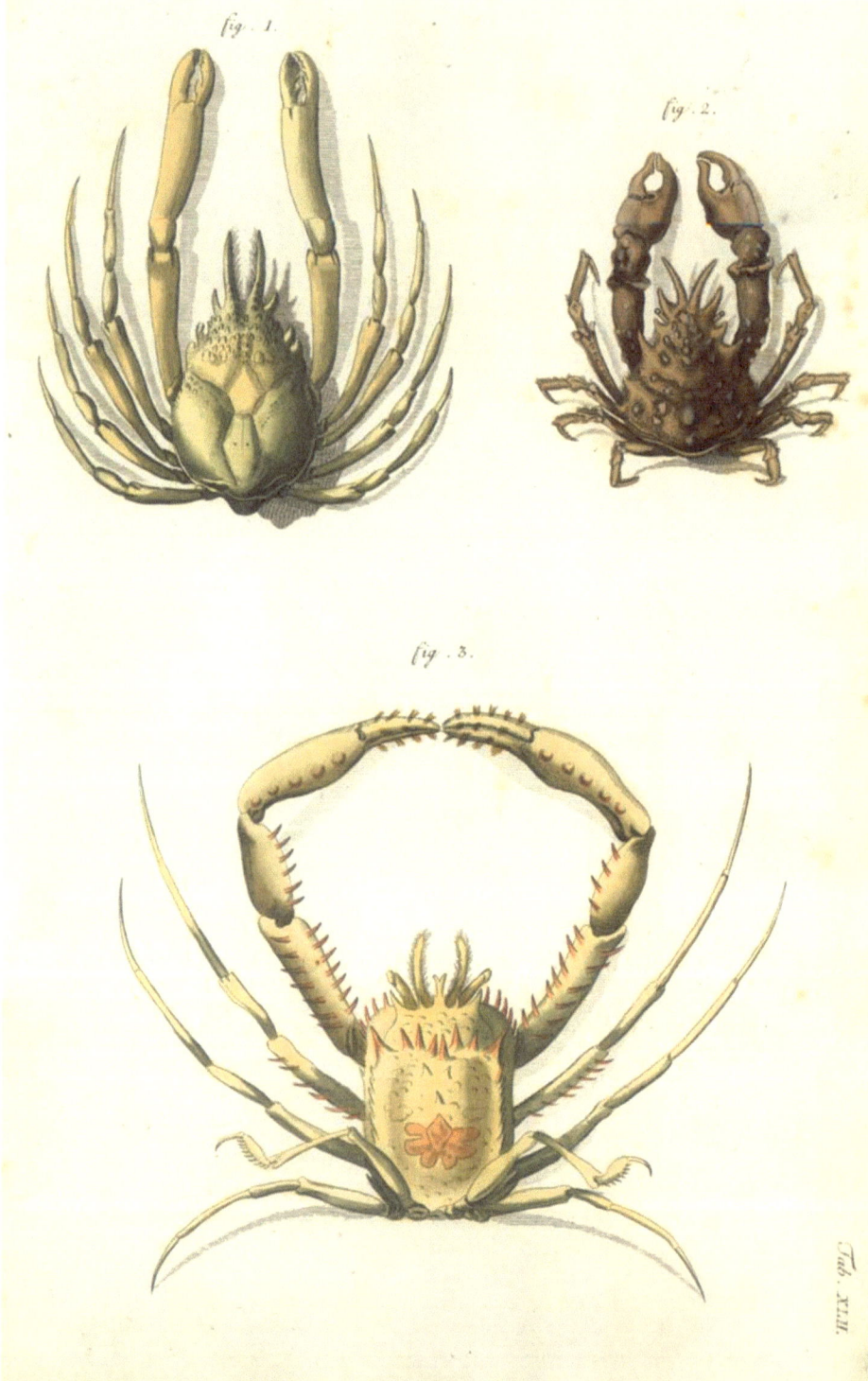

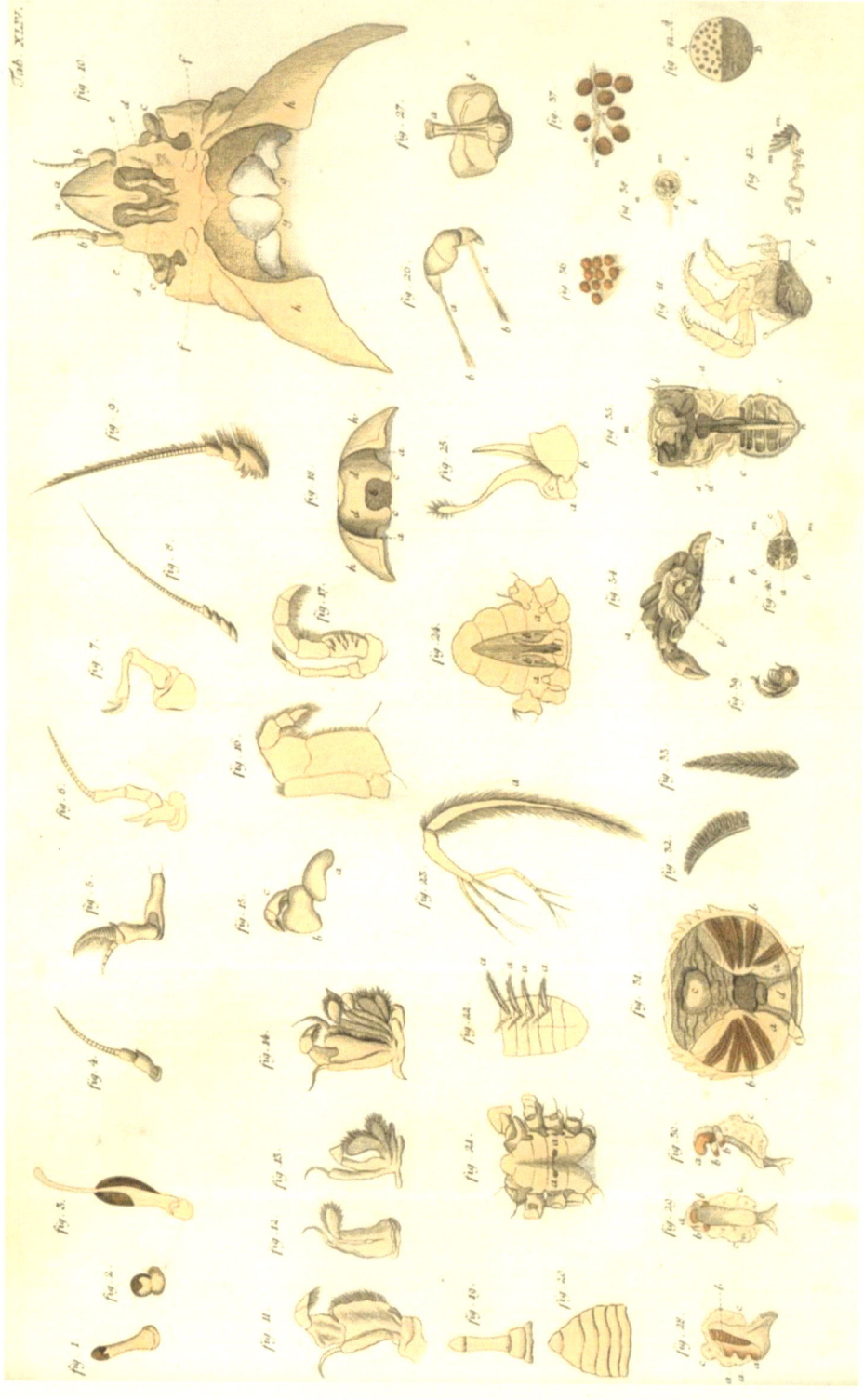

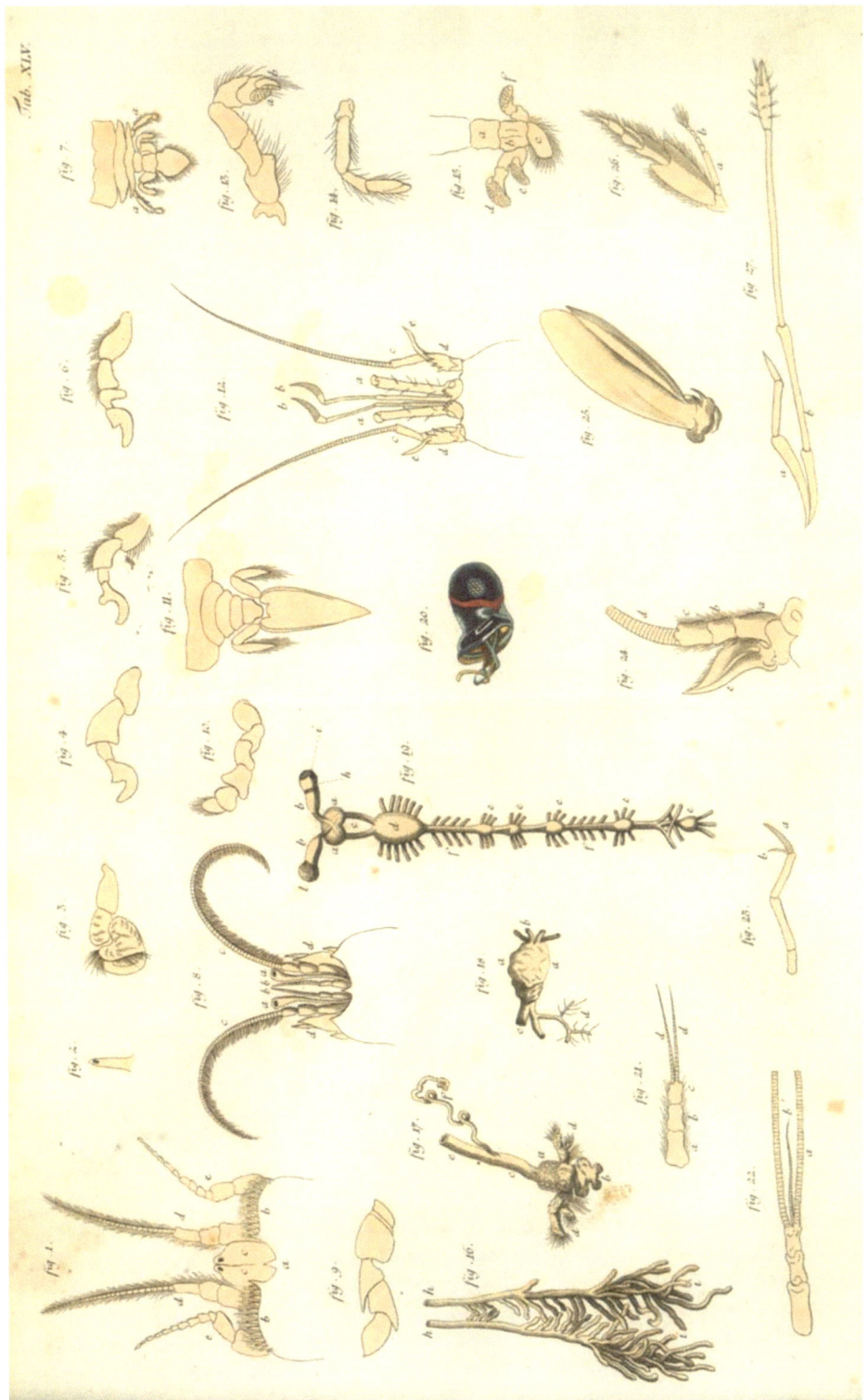

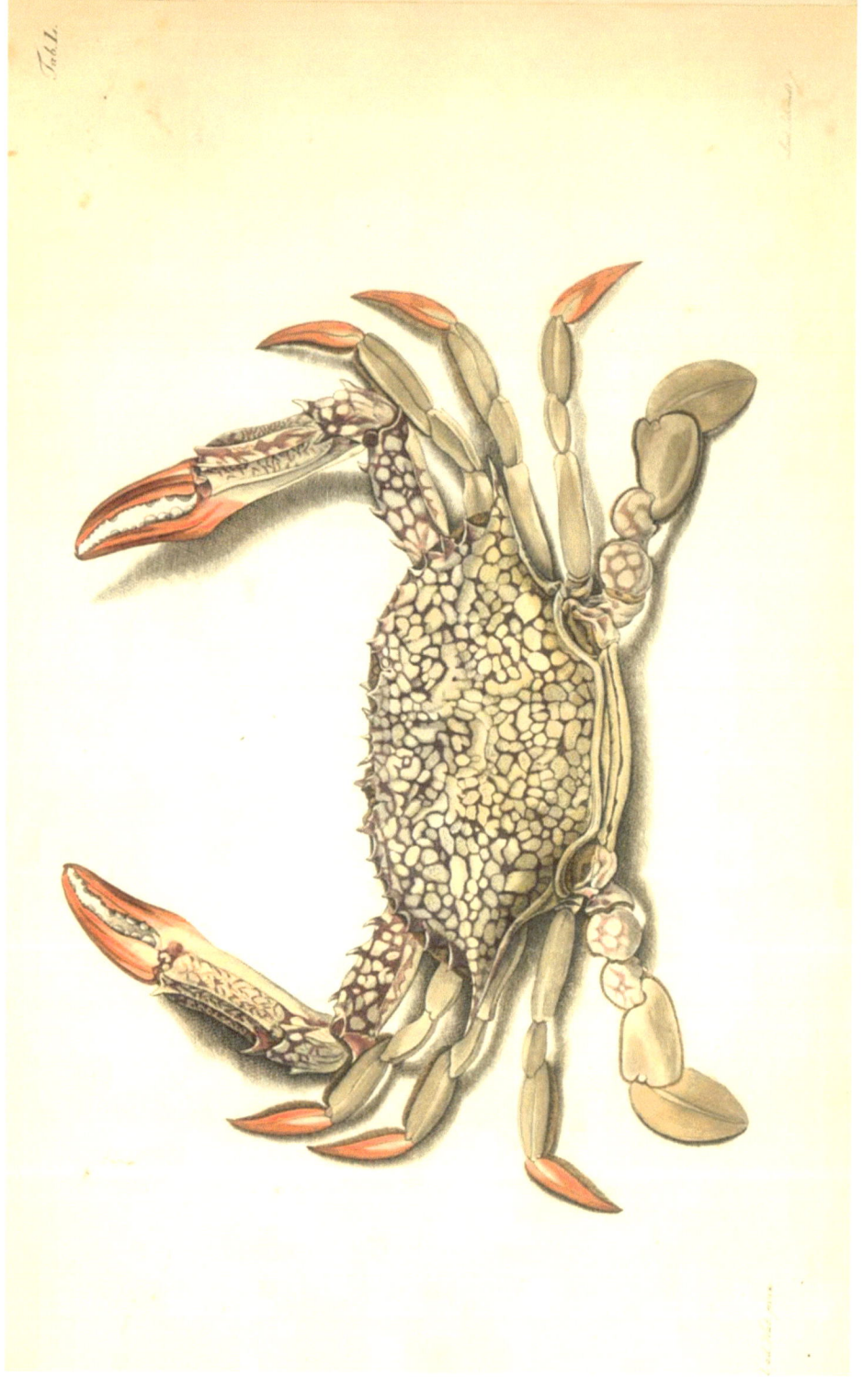

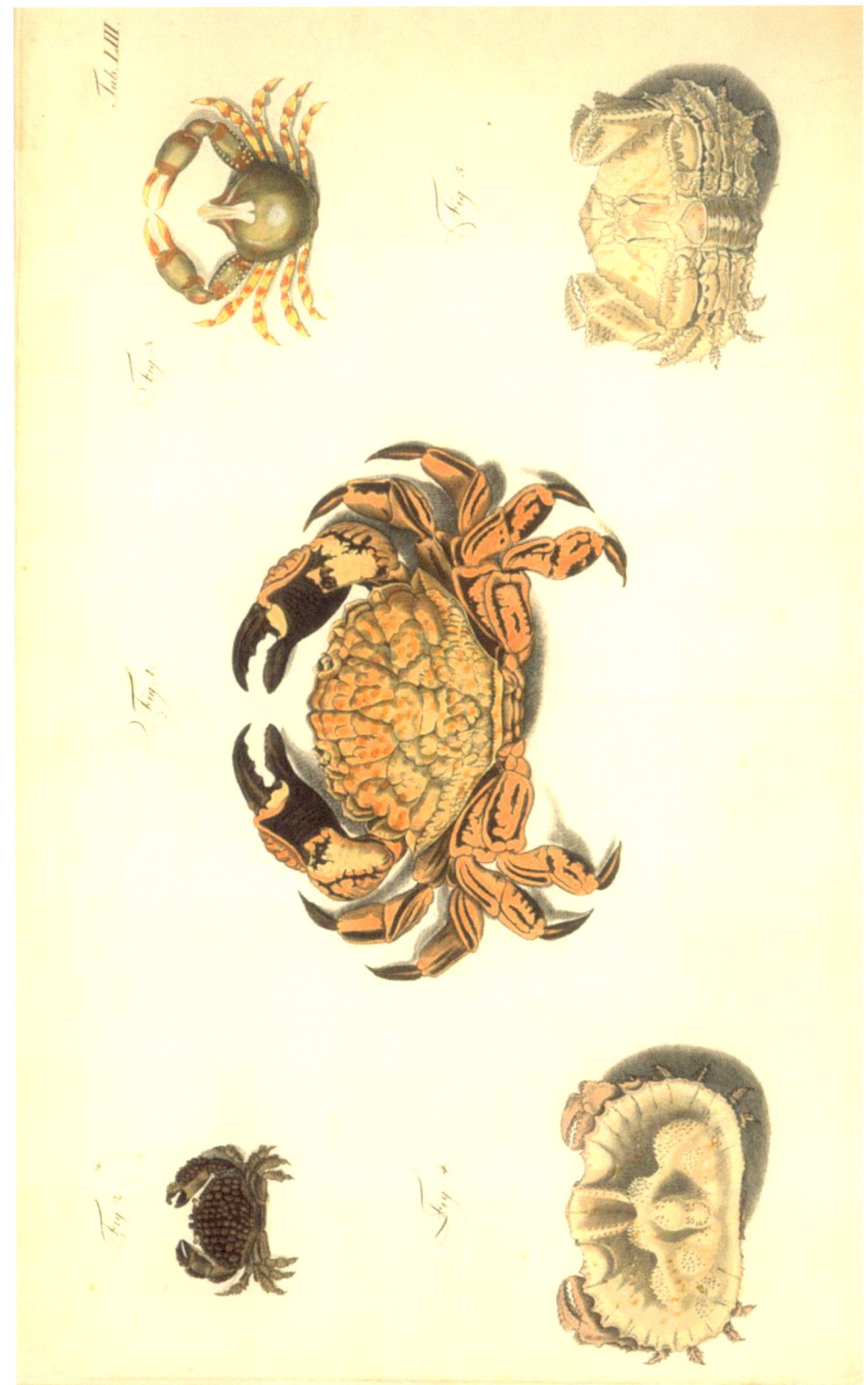

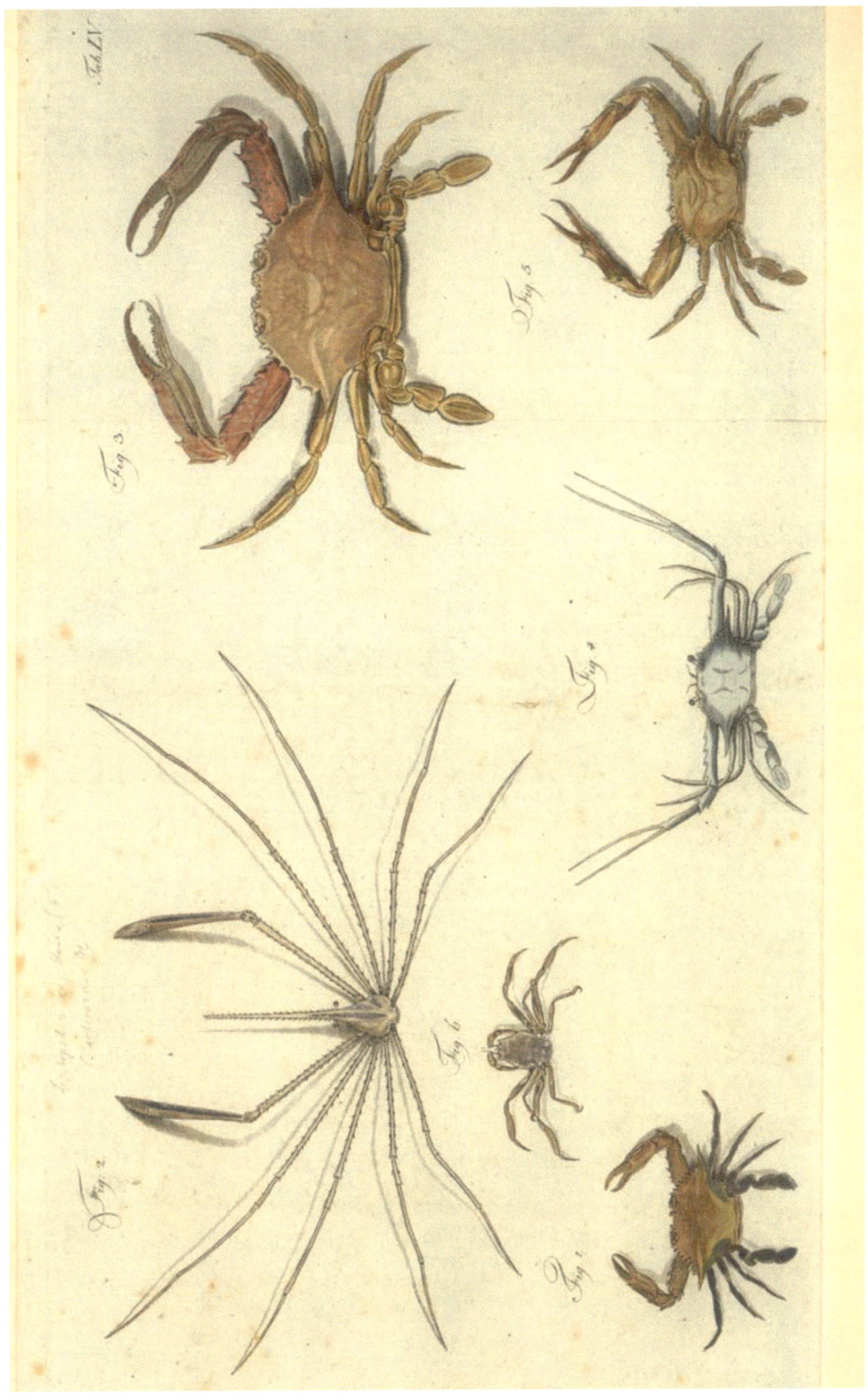

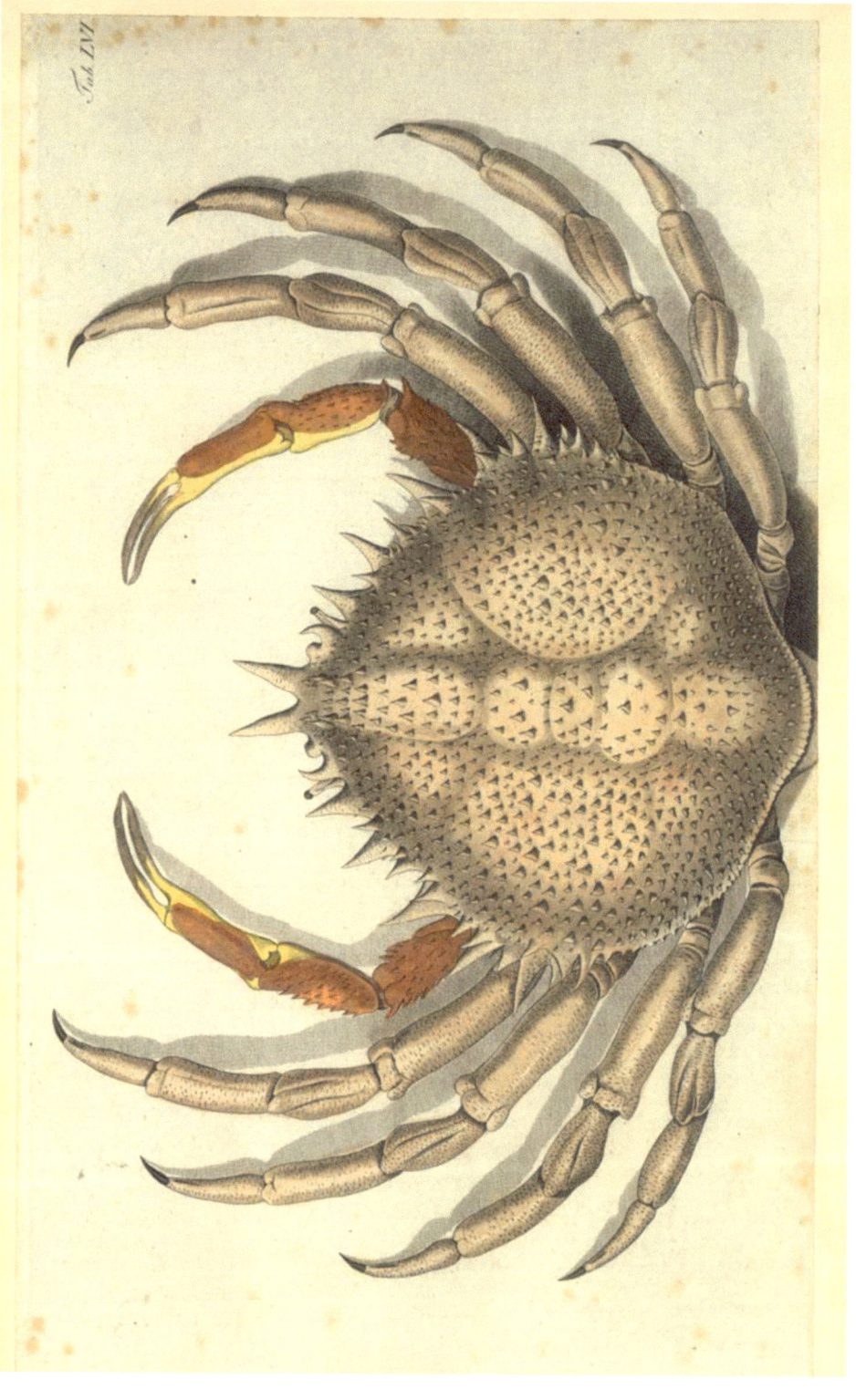

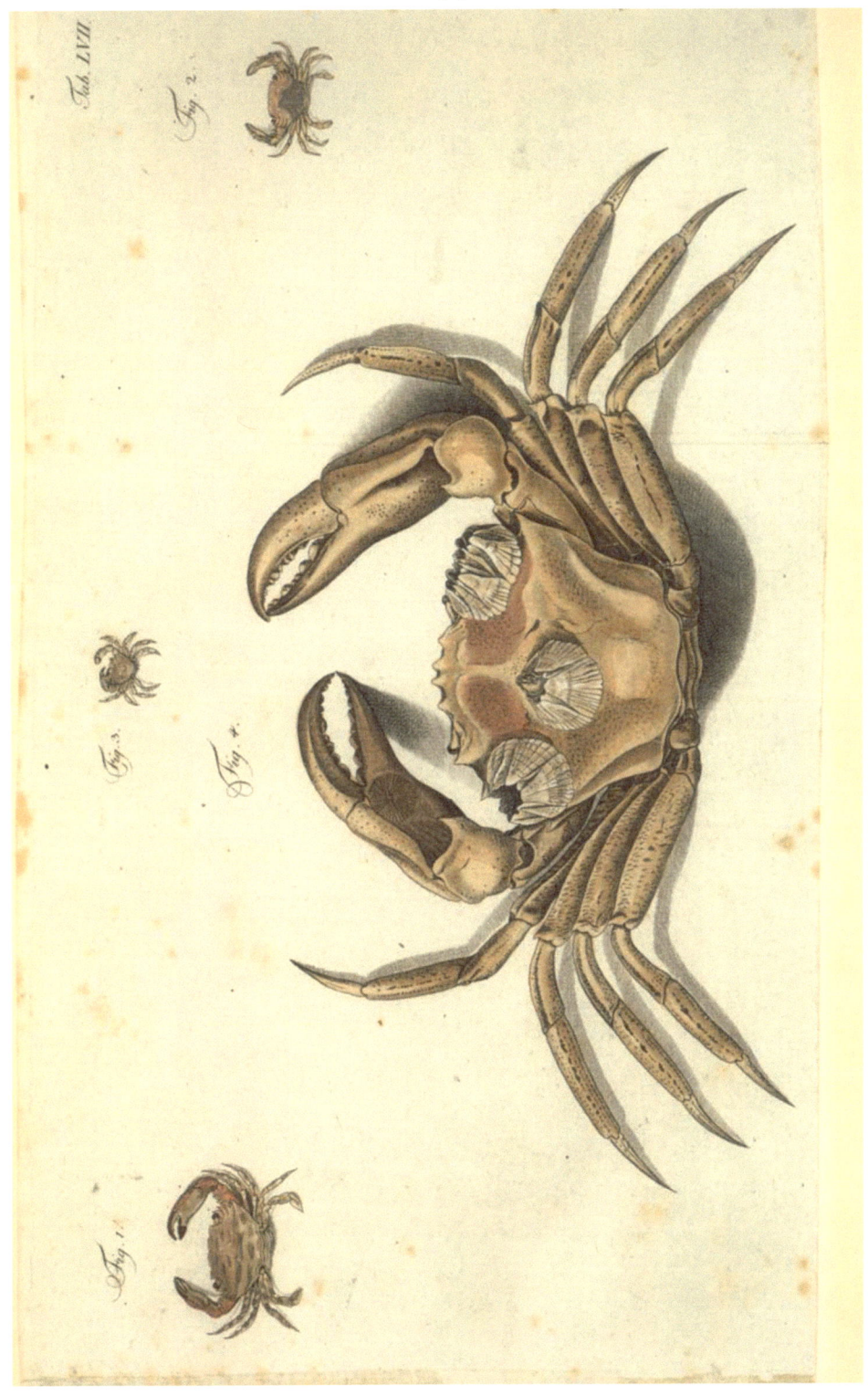

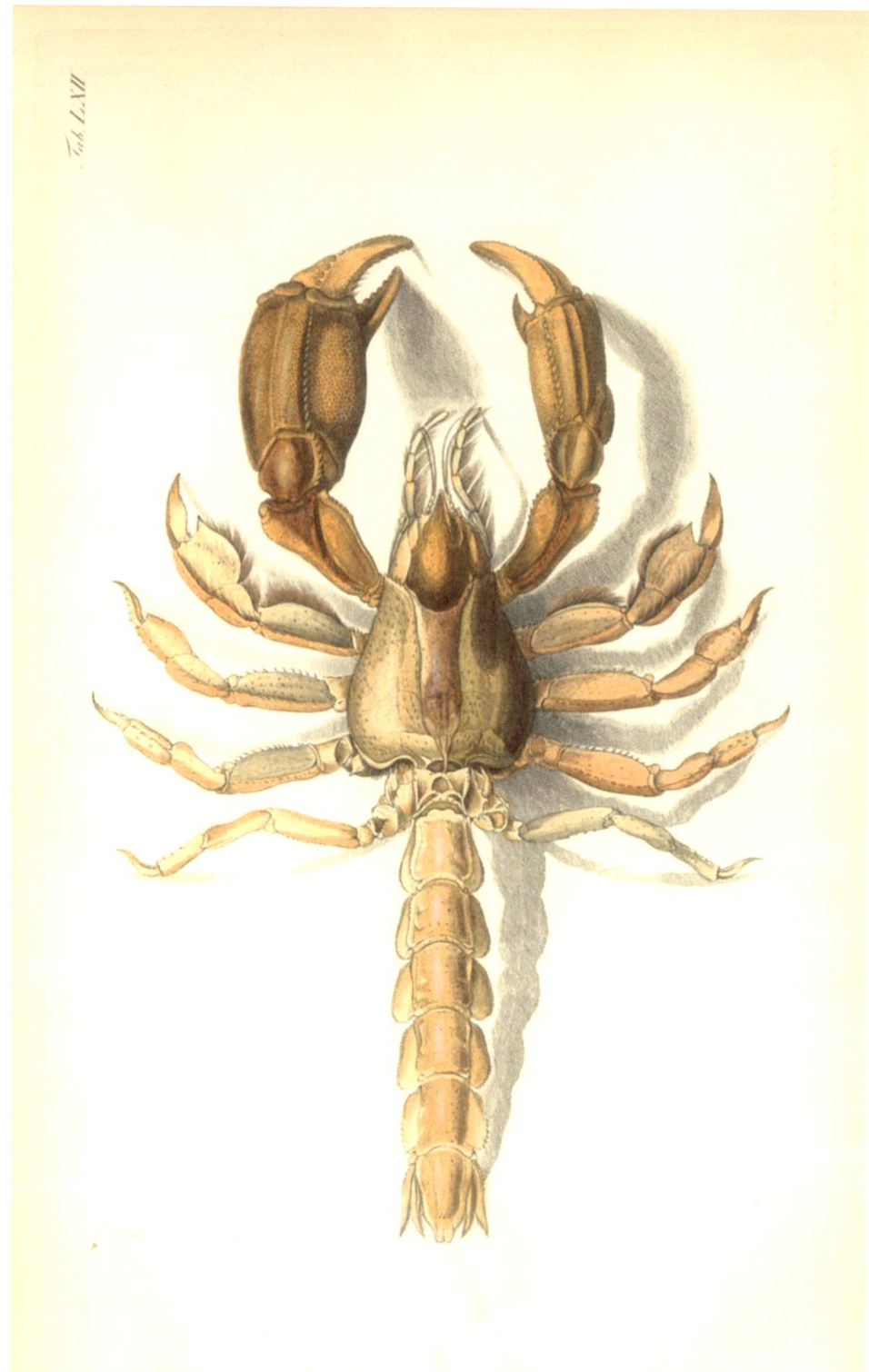